绿洲农业现代化系列丛书
教育部人文社会科学研究新疆项目研究成果（10XJJC790005）
石河子大学研究生创新基金项目研究成果（YJCX2010–Z09）
石河子大学"211工程"重点学科建设项目、石河子大学哲学社会科学优秀学术著作出版基金资助出版

经济管理学术文库·管理类

公共物品管理视角下的
塔里木河流域水土资源开发利用

Water and Soil Resources Development and Utilization in the Tarim River
Basin from the Perspective of Public Management

雍 会／著

U0349509

经济管理出版社
ECONOMY & MANAGEMENT PUBLISHING HOUSE

图书在版编目（CIP）数据

公共物品管理视角下的塔里木河流域水土资源开发利用/雍会著.—北京：经济管理出版社，2012.5
ISBN 978 - 7 - 5096 - 1972 - 8

Ⅰ.①公…　Ⅱ.①雍…　Ⅲ.①塔里木河—流域—水资源开发　②塔里木河—流域—水资源利用　③塔里木河—流域—土地资源—资源开发　④塔里木河—流域—土地资源—资源利用　Ⅳ.①TV213.2②F323.211

中国版本图书馆 CIP 数据核字（2012）第 107961 号

组稿编辑：曹　靖
责任编辑：张　马
责任印制：黄　铄
责任校对：曹　平

出版发行：经济管理出版社（北京市海淀区北蜂窝 8 号中雅大厦 11 层 100038）
网　　址：www. E - mp. com. cn
电　　话：(010) 51915602
印　　刷：北京广益印刷有限公司
经　　销：新华书店
开　　本：720mm×1000mm/16
印　　张：13
字　　数：205 千字
版　　次：2012 年 5 月第 1 版　　2012 年 5 月第 1 次印刷
书　　号：ISBN 978 - 7 - 5096 - 1972 - 8
定　　价：38.00 元

前　言

公共物品是指具有消费非竞争性和消费无排他性特征的物品。我国水土资源在所有权上是属于国家的，水资源和荒地在产权使用、初始分配上，由于不能做到完全排他，容易形成"公地悲剧"。加雷特·哈丁（G. Hardin）的《公地的悲剧》指出，公共物品的产权开放性，容易导致对资源的普遍滥用和环境资源消费者的"搭便车"现象。水资源是一种共有资源（公共物品），具有"公共池塘资源"属性①。塔里木河流域的水资源、荒地、生态环境等都可划入公共物品或准公共物品②（严格意义上为准公共物品或广义的公共物品）的范围。

目前，国内外对公共物品的研究比较多，主要集中在公共物品的制度、产权、配给等方面，而对公共物品的分割管理研究较少。但现实中，公共物品分割管理产生的问题却比比皆是，比如我们常说的"九龙治水"问题、生态环境问题，以及当前社会难以解决的食品安全问题、高房价问题等。食品安全问题很重要的原因就是对食品的流通环节分割管理，难以做到有效的监督；而高房价问题很重要的原因就是土地资源被各级地方政府分割成利益主体，各利益主体为了土地利益而博弈，导致房价持续偏高且难以控制。因此，公共物品的分割管理导致了公共物品配置效率低下、管理边际成本偏高等。而解决分割管理问题，除了最大限度地消除分割，进行有效统筹外，还要进行有效的制度设计，以尽量消除分割管理带来的外部性影响。

公共物品的分割管理应该是当前学术领域一个新的难题。狭义的公共物品③

---

① 奥斯特罗姆. 公共事物的治理之道［M］. 上海：三联书店，2000.
② 按目前学者对公共物品的三个分类，第一类是纯公共物品，第二类是俱乐部物品，第三类是共同资源物品或公共池塘资源物品（通称为"准公共物品"）。
③ 狭义的公共物品指那些既具有非排他性又具有非竞争性的物品。

具有效用的不可分割性，但广义的公共物品①分割管理是一个普遍事实。本书试以塔里木河流域水土资源开发利用为例，以农业开发对塔里木河流域水资源利用的影响为研究切入点，对公共物品的分割管理与利益博弈问题进行探索研究，不仅具有较高的学术研究价值，而且对促进塔里木河流域可持续发展也具有重要的意义。

塔里木河流域深居内陆，气候干旱，降雨稀少，蒸发强烈，生态环境极其脆弱。流域人口 85% 为少数民族，有近 50 万人没有脱贫，是全国最贫困的地区之一。历史上，塔里木河水量充沛，几乎与区域内较大的河流都发生过联系和交汇，而多年无节制的垦荒引水活动，造成流域多处河流断流、湖泊干涸。政府制定了相关规定，但流域开荒现象仍屡禁不止，有法不依、违法不究的问题相当严重，呈现出边治理、边开荒，边节水、边增加耗水的尴尬局面。为什么会存在这种制度与管理的失灵呢？造成这种现象的一个重要原因就是公共物品的分割管理与利益博弈。

塔里木河地跨新疆南疆五个地（州）的 42 个县（市）和新疆生产建设兵团 4 个师的 55 个团场，流域分别由塔里木河流域管理局、自治区与兵团不同的行政辖区，以及农业局、土地局、水利局、林业局等多个部门分割管理水土公共资源。由于流线长、跨区广等特点，必然造成对水土公共物品的分割管理，而分割管理又必然导致对公共物品产权的分割，导致各分割利益主体的博弈。流域与区域、区域与部门之间的上、中、下游分割管理，就像一把把尖刀把流域分割开来，导致流域"抽刀断水水不流"。由于流域的荒地和水资源具有公共物品和准公共物品属性，其产权在分配使用上不能做到完全排他性，公共物品缺乏理性产权代理人②，导致"公地公水悲剧"及公共产权流失；流域的分割管理产生了不同利益主体，分割利益主体为了获取公共物品利益进行着盲目开荒和无序引水的

---

①　广义的公共物品指那些具有非排他性或非竞争性的物品，一般包括俱乐部物品或自然垄断物品、公共池塘资源或共有资源以及狭义的公共物品三类。

②　我国法律规定水流等自然资源都属于国家所有，即全民所有。在一个法制国度里，水土等资源要么属于自然人，即个人所有，要么属于法人所有（国家所有也应是以法人的形式所有），根本不存在虚幻的集体所有（邓聿文，2007）。因此，缺少水土资源、生态环境等公共物品的代言人，当这些公共物品产权和利益受到损害时，就不能像私人物品一样有人直接去诉求利益。

博弈，甚至不惜以牺牲生态环境为代价，从而造成"生态经济人"① 缺失与行为外部性，严重影响着流域地区的可持续发展。

本书要特别感谢我的博士生导师——国家水利部吴强老师对我的关心和指导，使我在工作上和学习上始终有一盏指路明灯！要感谢塔里木大学刘俊浩教授给予的悉心指导，使我受益匪浅。同时要感谢新疆水利厅邓铭江，中国科学院新疆生态与地理研究所樊自立、陈亚宁、徐海量等专家对本研究的大力帮助。本书尚有不足之处，敬请读者批评指正！

---

① 指相对于"经济人"，不仅具有"经济人"的行为理性，而且具有追求利益的可持续性。

目　录

第一章 绪 论

第一节 研究背景

塔里木河是我国第一大内陆河，是世界三大内陆河之一。流域是环塔里木盆地的阿克苏河、喀什噶尔河、叶尔羌河、和田河、开都河—孔雀河、迪那河、渭干河与库车河、克里雅河和车尔臣河九大水系 144 条河流的总称，流域总面积 $102 \times 10^4 km^2$（国内流域面积 $99.6 \times 10^4 km^2$），其中山地占 47%，平原区占 20%，沙漠面积占 33%。流域内民族、宗教关系复杂，流域内有 1 个国家级贫困地区和 15 个国家级贫困县。流域气候干旱，降雨稀少，蒸发强烈，生态环境脆弱。研究表明，塔里木河流域在正常水文年份，如果不受外界的影响，每年的来水量虽然有丰枯变化，径流量累计值点有波动，但没有系统偏离，如果受到外界人类活动的影响，径流量累积值就会发生明显的偏离。在人类活动对流域的影响中，主要表现为对流域水土资源开发的影响，而水土资源开发又主要以农业开发为主要形式，农业灌溉用水占流域用水总量的 96% 左右[①]，农业开发对流域水资源分配利用与生态环境产生了外部性影响。

农业开发（Agriculture Development）是指：人类从事开垦荒地、农田耕作的农业生产行为，是劳动者利用劳动工具，对土地、水资源等劳动对象进行农业生产，以满足人民生活需要和经济发展需求。本书所说的农业开发，主要指在塔里木河流

---

① 温家宝. 中央新疆工作座谈会上的讲话［R］. 2010.

域所从事的农业开荒行为和农田耕作行为，同时也包括在农业开荒和农业种植行为中，水资源利用、水利设施建设，以及开荒伐木、平整土地等农业生产活动。

随着流域水土资源开发力度的不断增强，农业用水不断改变着流域水资源分配格局，农业用水不断挤占生态环境用水，流域生态环境系统不断恶化。根据《塔里木河工程与非工程措施五年实施方案》，按照退耕还林和修复生态的规划思想，塔里木河干流农田灌溉面积要在 1998 年 $8.82 \times 10^4 hm^2$ 的基础上，到 2005 年压缩至 $6.58 \times 10^4 hm^2$，减少 $2.22 \times 10^4 hm^2$。然而，塔里木河干流现状实际灌溉面积已达到 $11.7 \times 10^4 hm^2$，其中以棉花为主的经济作物所占比例较大。按照塔里木河综合治理规划，灌溉面积一亩没有减少，反倒新增 $2 \times 10^4 hm^2$ 的棉花种植面积。新增灌溉面积中，绝大部分为新开垦地。农业开发活动的增强，导致流域源流用水大量增加，干流水量明显减少，源流 3 条河流的补给量从 1964 年前的 $50 \times 10^8 m^3$ 减少到 $38 \times 10^8 m^3$；干流水量以每年 $0.3 \times 10^8 m^3$ 的速度减少，有 (0.2×10^8) ～ $(0.3 \times 10^8 m^3)$ 的水在干流上、中段漫流浪费，流域末端 300km 余河道断流。

2005 年，新疆维吾尔自治区人民政府制定了《关于报送塔里木河流域违法开荒情况的紧急通知》，但各源流、各部门开荒现象仍屡禁不止。《塔里木河流域管理条例》第 8 条明确规定："流域内严格控制非生态用水，增加生态用水。在塔里木河流域综合治理目标实现之前，流域内不再扩大灌溉面积。未经国务院和自治区人民政府批准，严禁任何单位和个人开荒。"但是，塔里木河流域有法不依、违法不究的问题相当严重，形成了法不责众的局面，呈现边治理、边开荒，边节水、边增加耗水的尴尬局面。

农业土地开发影响着流域水资源的分配与利用，水资源分配利用模式变化又影响着生态环境。由于农业开垦后，只重视土地开源，忽视水资源节流，加上落后的大水漫灌方式和蒸发强烈，使土壤盐渍化加剧；中下游的植被退化，原草甸沼泽、草甸土等水成土壤逐渐向荒漠林土、龟裂型土及风沙土演化，流域沙漠化趋势加重；天然森林草地衰竭，动物数量剧减。流域生态系统表现为"四个增加、四个减少"，即：人工渠道、人工水库、人工植被、人工绿洲生态增加，自然河流、天然湖泊、天然植被、天然绿洲生态减少。生态系统演变的趋势可以概括为"两扩大"和"四缩小"，即人工绿洲与沙漠同时扩大，而处于两者之间的自然林地、草地、野生动物栖息地和水域缩小。干流两岸胡杨林大片死亡，中上游胡杨林面积由 50 年代的 $40 \times 10^4 hm^2$ 减少到目前的 $24 \times 10^4 hm^2$，下游由 20 世纪 50 年代的 $5.4 \times 10^4 hm^2$ 减少到现在的 $0.73 \times 10^4 hm^2$，具有战略意义的下游绿色走廊濒临毁灭。长此以往，将严重威胁着流域生存问题。

目前塔里木河流域存在着以下问题：①为什么过度的水土资源开发活动长期存在，政府出台了相关政策进行规划调控，但仍未遏制过度的水土资源开发行为？②农业开发活动对水资源分配利用产生了什么样的影响，影响表现在哪些方面，土地开发行为通过什么方式和途径影响水资源分配利用，还导致什么样的生态环境效应？③为什么存在制度与管理对水土资源开发失序的矫正失灵，是利益的内在驱动力，还是水土资源的公共物品属性[①]？还是制度的安排不合理？④如何进行合理的水土资源开发？

因此，本书具有重要的理论价值与实证意义。

第二节　研究意义

一、研究人类活动对流域所产生的影响具有重要意义

人类活动对干旱区流域具有重要的干扰和影响作用，本书提出以农业开发为主的人类活动对流域的影响及其效果，特别是研究了农业开发活动对流域水资源的影响及其生态效应，这为减少人类活动对干旱区流域的干扰影响提供了理论支持。

二、对维护新疆安全稳定与流域可持续发展具有重要意义

塔里木河流域水资源可持续利用，不仅关系到流域自身的生存和发展，还关系到民族团结、社会安定、国防稳固的大局。如果因为流域管理不善而导致资

---

① 本文中所用公共物品概念而非公共产品概念，因为水土资源为原始自然资源而非生产加工后产品。

源、经济和生态危机，将对新疆南疆的生存发展造成致命的打击，将对边疆安全稳定形成很大的威胁。

三、对促进流域水土资源合理开发利用具有指导意义

水是绿洲的命脉，也是新疆生存的基础。塔里木河流域管理不仅要处理好水土资源开发和利用的关系，还要处理好水土资源开发与经济社会发展、生态环境保护的关系。本书将以水资源为基本约束条件，提出流域管理与水土资源开发对策，对促进流域水土资源合理开发利用，实现流域可持续发展，具有一定的理论指导作用。

第三节　文献综述

一、公共物品研究

物品分类的标准各不相同，有排他性与竞争性标准、公共性标准、相对成本标准等。Head 和 Shoup 发现，相对成本标准可以区分公共物品与私人物品，该标准也被称为经济效率标准。他们认为无论服务以何种方式被提供，只要它在非排他的情形下以更低的成本在特定的时间或地点被提供，那它就是公共物品。Holtermann 认为，界定公共物品的标准是物品属性。不同经济物品具有不同的公共性，对应不同的产权配置。巴泽尔则认为由于存在信息成本，任何一项权利都不可能完全被界定。Hudson 和 Jones 也认为，产权和技术的变化会引起该物品属性的变化，物品分类的唯一标准是公共性。

公共物品具有广义和狭义之分。狭义的公共物品是指纯公共物品，即那些既具有非排他性又具有非竞争性的物品。广义的公共物品是指那些具有非排他性或非竞争性的物品，一般包括俱乐部物品或自然垄断物品、公共池塘资源或共有资源以及狭义的公共物品三类。目前被广泛接受的公共物品是每个人消费这种物品不会导致别人对该物品消费的减少，是指一定程度上共同享用的事物。后来的研

究进一步指出了广义公共物品的另外两种定义。布坎南提出了俱乐部物品的概念，他认为俱乐部物品是指相互的或集体的消费所有权的安排。

制度学派认为，政府提供的公共的或集体的利益通常被经济学家称为"公共物品"，那些没有购买任何公共或集体物品的人不能排除在对这种物品的消费之外。张五常认为，公共物品是一种制度安排，存在公有产权，其交易受交易成本的制约。然而，相对于"私人物品私有产权，公有物品公有产权"的简单逻辑，公共产权的产生逻辑不仅停留在非竞争性和非排他性的消费特性上，也不仅仅归因于单一的"搭便车"困境，还应从外部性视角考察公共物品的概念属性。萨缪尔森、布坎南、奥斯特罗姆等人都对公共物品进行了深入分析，并给定了帕累托有效的经济或制度安排。但是萨缪尔森的定义以及非竞争性与非排他性的双重属性被一些学者所诟病。即便如灯塔一类的公共物品，科斯等人也认为可以通过建立产权以削减它的公共性质。

国内外学者对公共物品理论进行了广泛研究。Francisco Candel – Sánchez 研究了公共物品供给的效率问题，提出在公共物品供给的不同阶段，没有一套系列的"格罗夫斯"机制是难以保证公共物品的配置效率。Johann K. Brunner 和 Josef Falkinger 提出，在对个人充分理解和考虑了政府预算约束的基础上，一个由私人供给公共物品的经济社会中，税收和补贴的影响。Katharina Holzinger 指出，对公共物品要特别关注其所反映社会形势的特点，并指出严格的博弈理论分析对公共物品之间的共同特点。Thorsten Bayindir – Upmann 探讨了当地方政府提供了有利于工业行业的公共物品时，两种不同机制的竞争力，同时还表明公共支出远比税率具有竞争力。Roel Jongeneel 和 Ge Lan 指出，为刺激公共物品的提供者，采用一个正式的模型来分析激励和约束政策手段的产生，及其对农民参与决策的潜在影响。Slee Bill 和 Thomson Ken 对由农业用地产生的环境公共物品进行了研究，以及解决在欧盟农业和农村发展方面的困扰。Li Le – jun 分析了中国农村公共品供给的现状，农村存在公共产品供给不足、农业基础设施供应不足，在农业科技、饮水安全等方面存在不足。Yamaguch Chikara 研究了政府提供纯公共产品的非合作和政策制定者既不是完全善意的，也并非完全自私。

随着人口增长和经济发展，原本被视为自由物的水，逐渐转变为稀缺资源，具有经济资源的基本属性。作为一种经济物品，水资源不仅具有一般经济物品所具有的稀缺性，更具有其特殊的经济学属性：一是水资源是一种共有资源（公共物品），具有"公共池塘资源"属性。作为一种"公共池塘资源"，水资源具有产权不确定性、公开获取性、供给关联性和非排他性等特点。奥斯特罗姆（2000）认为，所谓的"公共池塘资源"是指那些难以排他，但可为个人分别享用的资源，如水资源、渔业资源、森林资源等。二是水资源具有典型的"外部性"特征。外部性特征指经济主体之间在缺乏任何经济交易的情况下，一经济主体的行为直接影响另一经济主体的环境，对他人造成损害或带来利益，却不必为此支付成本或得不到应有的补偿。

水资源作为准公共物品具有典型的外部性特征：

（1）代际外部性。水资源代际外部性也叫纵向外部性，它是从水资源可持续利用的角度出发，动态地考虑几代人的用水行为及相互间的福利影响，重点在于确定当代人的用水行为和决策对后代人福利的影响。

（2）取水成本的外部性。指一个水权持有者的节水行为将会降低其他水权持有者的取水成本，但是得不到相应的补偿。例如，上游用水者增加取水量将会影响到下游用水者的收益，而不必承担相应的成本。

（3）环境外部性。指水资源的过度开采利用，会造成生态环境的破坏，降低水资源的再生能力，进一步增加社会边际成本，影响社会总福利。

（4）水污染外部性。指水资源一经使用便将以污水的形式排出使用区，若将不达标污水直接排入河道就会造成水体的污染，影响污水排入区生产生活的正常进行。

（5）水资源存量外部性。指在一定时期和一定流域内，在水资源存量固定的条件下，当某一水权人多使用一单位的水，将减少其他水权人现在或将来可获取的水资源存量。

一般而言，导致水资源外部性存在的主要原因，首先是在水资源配置中缺乏市场调控机制；其次是水资源使用者只注重短期利益，而不顾长远利益；最后是不能清晰界定产权。

同时，由于水资源具有公共物品的性质，在使用上就具有了竞争特性。在一个相对封闭的流域内，公共物品缺乏产权的界定，容易造成先来先用现象；公共物品的公开获取性质，用户之间的竞争，造成水资源的过度使用，并且随着需求量的大幅度增加，水资源的稀缺程度加重，边际收益越来越高。当水资源的使用未加限制时，则为一种共享性的资源，即某人在使用同一流域内水的同时，并不能排除他人同时使用；当某人的抽取量超过回流量（尤其是上游使用者），他人（下游使用者）对该流域的水的使用会受到影响，甚至容易导致互相竞争，加速资源的耗竭。因此，对于一定流域内水资源的使用，造成的结果是：使用成本增加过速，早期使用者消耗过多。

二、产权研究

费希尔（Fisher）认为，"产权是享有财富的收益，并且同时承担与这一收益相关成本的自由，或者所获得的许可"。产权经济学家阿尔钦（A. A. Alchian）认为，"产权是一个社会所强制实施的，选择一种经济品使用的权利"。巴泽尔则认为，产权与交易成本是密切相关的。德姆塞茨认为，产权是自己或他人受益或受损的权利。菲吕博腾和配杰威齐（E. G. Furubotn and S. Pejovich, 1972）对产权下了个总结性的定义："产权不是指人与物之间的关系，而是指由物的存在及关于它们的使用，所引起的人们之间相互认可的行为关系。"

水资源是一种公共资源（CPR）。对于类似水资源此类公共资源采取私有化配置还是非私有化配置，产权经济学家们存在不同的观点。科斯提出，当没有交易费用时，通过自愿协议，将产权作重新分配，可以使社会福利实现最大化；当存在外部效果时，可以通过产权重新分配使外部效果内部化。科斯产权理论特别强调私有产权的意义。德姆塞茨也认为，只有私有产权才能完成推进市场化和提高经济效率。科斯产权理论的支持者们将私有产权配置观进一步推广至公共资源领域，认为私有化配置公共资源是一种更为有效的配置方式。

同时，他们认为，政府在公共资源产权配置中的作用仅局限于——明晰产权，产权明晰以后即可通过个人协商使外部效果尽可能内部化，然后再交给市场去取得有效率的结果。科斯定理在解决公共资源的外部效果方面为人们提供了一条新思路，但无限地推广到公共资源产权私有化也遭到许多西方经济学家的批评。华盛顿大学经济系教授巴泽尔（Y. Brazel）认为，产权全盘私有化是行不通的，任何产权的界定都会留下一个"公共领域"。美国经济学家布罗姆利认为，公共资源产权私有化是不可操作的。他指出，所有权结构对跨时间选择和生态系统保护等问题十分重要，生活在未来的人或动植物不能到这儿来为自己的利益说话；在市场交易中也无法通过所有权来保护它们的利益，只有依靠政府强行安排一定的制度才能保障它们的利益。

美国经济学家斯蒂格利茨不同意产权私有化的观点，并称为"科斯缪见及其扩展"。他认为，虽然明确产权可以解决某些外部性问题，但不完全市场和不完全信息是导致"市场失灵"和"政府失灵"的共同重要根源。为提高政府干预经济的效率，他提出以下建议：第一，尽量避免垄断。有些由"政府提供"的公共物品，不一定由"政府组织生产"，可以由私人组织生产，政府买过来，再提供给社会。鼓励公共部门之间实行竞争。虽然可能导致重复生产，但只要适度，可能比独家垄断更有效益。政府的经济功能分散化，分散给地方政府和社区，这样可以产生竞争，带来效率、革新，并更好地适应公众的需求。第二，政府合理再分配，使之更加公平。第三，增加政府工作的透明度，提供更多信息。马克思也认为，产权是人对物的关系，其实质是反映人与人之间的关系。由于资源特殊的使用价值，其开发利用总是受到众多的社会限制，所有者不能完全实现其应有的各项权能，从而也不能调动所有者应有的积极性去实现资源的最佳配置。

Chennat Gopalakrishnan（1998）认为，美国的水权制度通常由州法规进行界定。在美国东部、东南部和中西部地区，多采用的滨岸权原则，规定滨岸土地都有取水、用水权，且所有滨岸权所有者都拥有同等的权利，没有多少和先后之分。而美国西部则采用水权优先占用体系，规定边界内的水资源为公众或州所有。在州政府水资源所有权下，水权分配是对水资源使用权的分配。美国的水权交易起步较早，但建立水权交易制度的也只是西部几个州。其中因缓解用水压力，美国加利福尼亚州推广的"水银行"措施，促进了水资源的合理配置。尽管美国西部的水权系统发展比较完备，但目前还没有建立起水市场。其中的原因是在水权交易中，买方承担的行政性交易成本以及有卖主承担的政策性交易成本过高，影响了水权的收益，从而影响了水权交易的活跃程度。

Coase，R. H.（1937）认为，导致水资源外部性存在的主要原因：首先是在水资源配置中缺乏市场调控机制；其次是水资源使用者只注重短期利益，而不顾长远利益；最后是不能清晰界定产权。Marx（2005）等古典经济学家指出，水具有巨大的使用价值,但当水是大量的时候,它很少有交换价值。没有水就没有生产、没有生命,从这个意义上来说,水是无限贵重的,但在那些水资源充足的国家,水的使用是免费的。布里安等(2004)认为,现在全球对水的争夺也日趋激烈,用水竞争不只存在于灌溉用水户之间,也存在于农业、工业、城市用水以及其他用水需求中。相互冲突的用水权利对当今社会的用水协调体制形成了严重的挑战。在水资源受到更大压力的情况下,需要有更好的制度在各种用途和用户之间,对水资源进行分配和跨流域分配。Jeffrey(2007)认为,权责的划分上,执行与指导监督的权力和责任主要集中在中央机构,地方自治的机构由各地区计划者因地制宜作出抉择。美国土壤保持局下设三级机构,即州、区和小区,每一层级都规定有各自详细的职责,分工明确。在小区下,还有民间的水土保持小组,从而使水土保持政策能有效地执行和运作。

邓铭江在论述了塔里木河流域综合治理中的水权管理,提出了建立水权塔河、生态塔河、资源塔河的治水理念。王猛以塔里木河流域为例,构建了水权市场,分析了水权市场的运行机制。陈亚宁等提出,针对塔里木河流域目前存在生态环境问题以及日益加剧的断流态势,要尽快落实生态水权。单以红等以塔里木河流域水权市场建设实践为例,对水权市场的构成要素、水权市场结构及其性质作了阐述。胡军华等阐述了塔里木河流域四级适时水权的确定方法及其管理思路。王蓉等分析了塔里木河流域水权制度建设的特点及存在的问题。

三、流域管理体制机制与分割管理研究

尽管各国的国情不尽相同,但目前世界各国采用的水资源管理体制主要有三种形式。一是按行政分区管理为主的水资源管理体制,二是按流域管理为主的水资源管理体制,三是流域管理与行政分区管理相结合的水资源管理体制。在实际中,机构设置主要有流域管理局、流域协调委员会和综合性流域机构三种形式。美国是联邦制国家,水资源属州所有,在水资源管理上实行以州为基本单位的管理体制。州以下分成若干个水务局,对供水、排水、污水处理等诸多水务统筹考虑、统一管理。全国无统一的水资源管理法规,以各州自行立法与州际协议为基本管理规则,州际间水资源开发利用的矛盾则由联邦政府有关机构进行协调,如果协调不成则往往诉诸法律,通过司法程序予以解决。

英国则实行的是中央对水资源按流域统一管理和水务私有化相结合的管理体制；法国则采用"议会"式的流域委员会及其执行机构——域水管局来统一管理流域水资源，城市水务并不像英国那样搞全面私有化，而是将其资产所有权转让给私营企业，实行有计划的委托管理。直到 2000 年召开的第十届世界水大会才把流域水资源综合管理列为四大议题之一，全球水伙伴（GWP）也把流域尺度的水资源综合管理作为其推动各国水资源可持续利用的主要手段。

Axel 指出，流域管理经历了从初期的水资源开发、流域开发到水资源管理、环境管理，发展到目前的流域综合管理。在过渡阶段，开发是流域管理的主要任务，以经济或技术为中心；在高级阶段，管理成为流域管理的典型特点，环境成为管理的目标之一。但流域水资源管理的研究主要面向工程建设，以需定供，以经济或技术指标作为评价指标，较少考虑水资源开发利用对流域环境的影响。从国外流域水资源管理研究进展可知，环境管理是流域水资源管理的高级阶段。流域水资源综合管理是目前研究的重点和热点问题。

新中国成立以前，流域水资源开发利用处于初级阶段，而且人们一直把水资源当做是"取之不尽，用之不竭"的无偿物品，因此，流域水资源管理研究几乎没有开展。新中国成立以后，水资源的开发利用和管理工作都得到了前所未有的大发展。1988 年颁布的《中华人民共和国水法》和 1996 年颁布的《中华人民共和国水污染防治法》及其他一些相关法律和条例文件规定，我国现行的水资源管理体制是一种"统一管理与分级、分部门管理相结合"的管理体制。2002 年新颁布的《中华人民共和国水法》中，明确将其修改为"流域管理与行政区域管理相结合"的水资源管理体制。

但从总体上看，我国现行的水资源管理体制在本质上仍然是一种行政区域分割管理体制，即以政府行为为主导、以行政管理与行业管理为主要手段的管理模式，存在诸多体制性障碍。集中体现出在流域管理上呈现出明显的"条块分割"性；在区域管理上具有显著的城乡分割性；在功能管理上，显现出较强的"部门分割"性；在依法管理上，集中表现为"政出多门"；在所有权归属上，集中体现出产权的模糊性。我国法律规定水流等自然资源都属于国家所有，即全民所有。在一个法制国度里，水、土地等资源要么属于自然人，即个人所有，要么属于法人所有（国家所有也应是以法人的形式所有），根本不存在虚幻的集体所有。

四、人类活动对流域生态环境的影响研究

人类活动正以空前的速度、幅度和规模改变着生态环境。Marco Janssen 和 Bertde Vries 建立了经济—能源—气候多因子动态系统模型，Alexey Voinov、Robert Costanza 和 Lisa Wainger 等建立了马里兰帕特克胜特（Paluxent）流域生态经济模型，分析生态和经济因子的交互变化对流域周围的景观演替格局的影响。Mainguet（2003）描述了埃及尼罗河流域阿斯旺水坝带来社会经济效益和生态环境负效应。Poff 和 Hart（2002）对水库的生态环境正负效应进行了区分。吴刚、蔡庆华（1989）认为，人类对流域生态环境的破坏和对流域资源的过度开发利用，流域水体受到的污染已越来越严重，已严重影响到流域生态系统的健康发展。俞树毅（2009）认为，我国西部干旱半干旱流域生态环境变化与人类活动间的相互影响具有共性特征，扭转该流域生态环境恶化不利局面，必须综合考量自然要素、经济要素和社会要素。刘少玉等（2008）分析了黑河流域水资源人类活动影响强度，认为 20 世纪 50 年代占 18%，60~70 年代占 28%，80~90 年代占 54%；上游占 1%，中游占 87%，下游占 12%。王杰等（2008）用归一化植被指数（NDVI）数据提取的农业绿洲 NDVI 累积作为人类活动综合因素，分析了石羊河流域近 20 年来人类活动，结果表明：在出山口径流变化不大的情况下，下游水量明显减少；中游人工绿洲 NDVI 累积与下游呈明显负相关，而与上下游径流差呈正相关。这表明可用 NDVI 累积数据代表人类活动因素分析其对径流变化的影响。阎水玉、王祥荣（2001）认为，不同国家和地区已越来越把以流域为单元，建立生态系统健康的评价体系、恢复流域生态系统或从生态系统健康的角度，综合整治流域环境作为流域开发的重要措施。封玲（2005）研究流域农业开发时认为，生态环境的巨大变化主要是由大规模农业开发引起的。过去 50 年来，人工绿洲代替了天然绿洲，不仅提高了经济效益，在绿洲范围内，风沙危害减弱，气候极大改善。但在发展的过程中，局部地区由于不合理或过度开发，也伴生了一些生态环境问题，如湖泊的干涸、草场退化、盐碱化等问题。

近年来，中科院新疆生地所、清华大学、新疆农业厅、水利厅和塔里木河管

理局等单位相继开展了《塔里木河流域自然环境演变和自然资源的合理利用》等 10 余项研究项目，特别是利用遥感技术进行塔里木河流域大范围生态环境监测研究，取得了丰硕成果。范庆莲（2003）通过收集塔里木河流域各种现有分区成果及生态环境状况有关指标，主要采用定性分析法，水资源为分区的主导因子，将塔里木河流域分为 3 个大区，每个大区又分为 3 个小区：第一区，塔里木河流域生态农业建设区（包括阿克苏河区、叶尔羌河区、塔里木河干流上游区）；第二区，塔里木河流域绿洲建设——荒漠化治理区（包括开都—孔雀河（以下简称开—孔河）区、和田河区、塔里木河干流中游区）；第三区，塔里木河流域生态保护区（包括塔里木河干流下游区、塔里木盆地荒漠区、塔里木盆地东部荒漠区）。宋郁东等（2000）认为，由于塔里木河地处世界典型的极端干旱区，生态环境十分脆弱，加之长期以来人类对自然资源特别是水、土资源的利用不合理，出现了源流输入水量骤减、水质恶化、地下水位下降等诸多问题，使荒漠化迅速扩展，严重的生态环境问题已影响到流域内经济、社会和人民的生存发展。

五、人类开发活动对流域水资源影响的研究

Radif（1999）认为，流域水资源综合管理就是促进水资源、土地资源和其他相关资源协调开发和管理的过程，其目的就是在与生态系统平等相处的基础上，使经济和社会财富最大化。程国栋（2002）在对西北水资源承载力研究时认为，由于社会系统和生态系统都是一种自组织的结构系统，二者之间存在紧密联系和相互作用。刘愿英等（2008）认为，人类活动已严重地影响了博斯腾湖的水环境安全，每年有近 $1.0 \times 10^8 m^3$ 含盐农田废水、$500 \times 10^4 m^3$ 未经处理的生活污水和 $2000 \times 10^4 m^3$ 工业污水排入博斯腾湖。博斯腾湖水质恶化，白鹭、野鸭等国家级保护动物濒临灭绝，鱼类受到掠夺性捕捞。工农业生产和经济社会可持续发展对水的需求矛盾十分突出。王顺德等（2006）认为，塔里木河流域 4 条源流出山口多年平均径流量为 $227.0 \times 10^8 m^3$。从年代际尺度看，20 世纪 50 ~ 80 年代基本接近多年平均值，而 90 年代受山区增暖变湿影响，4 条源流径流量达 $241.9 \times 10^8 m^3$，增幅达 6.6%。由于源流区人类活动的影响和粗放型农业，近 50 年来，补给塔里木河干流的源流条数和水量不断减少，加之塔里木河干流上中游区间耗水量大，导致下游水量减少，生态急剧恶化。人类活动导致塔里木河下游断流，干流上中游耗水量由 20 世纪 50 年代的 $36.0 \times 10^8 m^3$ 增加到 80 ~ 90 年代的 40.0 ~ $42.0 \times 10^8 m^3$，耗水量由占干流控制站阿拉尔站年径流量的 72.6% 增加到 90 年代的 94.1%。何逢标（2007）认为，水资源是影响塔里木河流域社会、经济和生态持续发展的决定性要素。在水资源短缺、水环境恶化、洪涝灾害威胁和水土流失加剧四个方面中，水资源短缺是制约塔里木河流域社会、经济和生态持续发展的最重要"瓶颈"。杨青、何清（2003）建立了相对耗水影响指数，试图量化人类活动的强度，研究了塔里木河流域各段的气候变化和人类活动对源流径流及生态环境的影响，研究结果表明：20 世纪 50 年代以来塔里木河源流的水量并没有多大的变化，但最终流入塔里木河干流的水量却明显下降；相对耗水影响指数表明人类活动影响对中游的影响要远大于对上游的影响，70 ~ 80 年代中期是人类活动影响最大的时期。

谢丽（2001）研究塔里木河流域时提出，塔里木河流域沙漠化除了自然因素外，还有人为因素的作用，是在自然背景上叠加人为影响的结果。在这些人为因素中，最重要的又都与农业生产有关，如砍伐开荒、过垦、过牧、水资源过度消耗等。不当的人类活动，尤其是农业生产活动，使原本有自然植被固着的绿洲、植被遭到破坏而减少，甚至消失而致使地表裸露，在干旱的条件下使沙漠化成为现实；干旱区灌溉农业，人为修建水库、渠道，改变水资源的分配格局，导致河流缩短、断流、干涸而造成沙漠化。肖春梅（2004）认为，随着人类社会经济的不断发展，水越来越成为宝贵的战略资源。塔里木河流域农业是典型的沙漠绿洲灌溉农业，农业灌溉用水占总用水量的 76% 以上，但是水资源浪费十分严重。因此，提高农业灌溉用水的利用率是解决塔里木河流域水资源短缺的有效途径之一。塔里木河流域由于水资源利用不科学，尤其是农业灌溉用水浪费严重，导致严重的水危机和生态危机。孟凡静（2003）认为，长期以来，人类对塔河流域水土资源的不合理开发，对过渡带资源的掠夺性利用，使该区自然系统结构严重破坏，生态环境急剧恶化；具有生态梯度的过渡带转变为绿洲和荒漠两个系统的断裂区，形成生态裂谷。沈永平等（2008）认为，由于阿克苏河开垦面积扩大和粗放型农业的发展，虽然出山口的天然径流量在不断增加，但灌溉引水增加，人类活动加剧的用水消耗，使阿克苏河补给塔里木河的水量明显减少，近 50 年来阿拉尔水文站年径流量持续减少，径流量减少达 17.64%。张建岗（2008）认为，随着绿洲开发及经济发展，阿克苏绿洲区间耗水量也有很明显的逐年增加趋势，下泄水量占来水量比例大幅减少。李新、周宏飞（1998）认为，人类活动的加剧，使干旱区河流原有的水文状态发生了很大变化。人类活动对塔里木河流域水文干预的后果，使河流下游径流量减少，水利的时空分布改变，径流规律趋于复杂化。维持一定的河流水量，整治河道和改变用水模式是持续利用塔里木河水资源的保证。李香云等（2004）以塔里木河流域 40 个县市作为研究单元，以近 20 年（分 5 个研究时段）的农业土地生产力（粮食产量）作为因变量，人类活动的 5 个因素（引水量、耕地、人力、化肥和机械力）作为自变量，通过建立 PPR 模型，研究了这一区域农业土地生产力增进中人类活动因素的贡献度。研究结果表明，耕地、引水量等资源性因素虽然在 20 世纪 90 年代后有一定程度的下降，但仍是这一区域生产力增进的主要因素。

在已有的研究文献中，学术界对公共物品进行了广泛的研究，对公共物品产权、外部性影响，对水土资源的产权管理，流域的管理体制机制，以及人类活动、农业开发活动对流域水土资源、生态环境影响做了一定的研究。但是，还存在一些问题。

（1）在目前国内外研究中，对公共物品的研究主要集中在产权、配置、供给、外部性等方面，缺少对公共物品分割管理的研究；

（2）缺少公共物品分割导致多个利益主体博弈行为的研究，而这种博弈行为和现象在现实中却普遍存在；

（3）市场机制缺失是导致塔里木河流域水土资源开发失序很重要的一方面，如何加强市场机制建设缺乏深入研究，以及农业开发对流域水土资源、生态环境的影响等缺乏深入研究；

（4）人类活动是流域的主要干扰因子，但还缺乏对流域"经济人"行为外部性，以及这种行为导致的流域管理与区域管理、行政管理与市场机制及利益博弈研究。

因此，本书具有重要的现实意义和理论前沿性。

第四节 研究目的、研究内容

一、研究目标

由于塔里木河流域水、土资源具有公共物品属性，人类的农业开发行为容易产生水资源分配利用失序的外部性影响，农业开发改变着流域水资源分配格局，农业用水不断挤占生态用水，导致生态环境持续恶化。本书利用公共物品理论、博弈论、产权理论、外部性理论等方法理论，考察塔里木河流域水土资源开发利用的变迁史；探讨农业土地开发对水资源利用影响的方式及效应；调查分析农户的行为选择与流域水土利益主体的博弈行为；揭示农业土地开发活动持续增强的原因；提出水资源约束下的塔里木河流域管理与水土资源开发对策，为塔里木河流域水土资源可持续利用及经济、社会可持续发展提供政策建议。

二、研究内容

1. 农业土地开发对流域水资源利用的影响及效应

农业土地开发的影响主要表现在对水资源不同时空、不同地域、不同对象分配利用的影响。本书立足于不同时段农业开发对流域源流量、干流耗水量的影响；对流域上中下游等不同地域水资源利用的影响；对流域生态、社会、经济、生活、生产等不同消费对象的影响；以及研究农业开发行为对水资源分配利用影响后产生的生态效应。

2. 水土资源开发利用的农户行为选择调查分析

分别选取塔里木河流域"四源一干"及上、中、下游不同区域进行调研，通过问卷调查、到农村入户访谈等调研方法，研究分析农户对农业土地开发、水资源利用与维护生态环境的行为选择，对政府管理、市场机制的行为选择，从农户的认知和行为选择验证农业土地开发与水资源利用的影响效果及其原因。

3. 流域水土资源开发利用失序的成因

分别从全流域、新疆生产建设兵团（以下简称"兵团"）与地方跨区域管理体制分割，农业、水利与生态多头管理机制，水土资源的公共物品属性与市场机制缺失，水土资源产权及产权监督管理问题，以及致使农业粗放开发等机制、体制、市场、组织、管理等方面，研究农业土地开发持续存在，以及导致流域水资源利用效率低下的成因。

4. 提出流域管理与水土资源开发对策

通过对农户行为分析，以及管理体制机制等方面原因，分别从规划农业开发规模与水资源供需平衡，创新流域管理体制机制，建立水土资源开发市场调节机制，加强水土资源与生态环境产权监督管理，加强水利基础设施建设，促进农业科技进步与技术创新等方面，提出水资源约束下的流域水土资源开发对策。

第五节　研究思路

（1）本书通过收集塔里木河流域农业土地开发活动踪迹、历史数据并进行整理，根据流域自然地理与社会经济概况，运用系统与比较分析方法，研究流域水土资源开发的历史与现状。

（2）选择流域不同时段、不同地域的上中下游水资源，不同水资源消费对象的数据，运用定量与定性分析方法，研究农业土地开发行为对流域水资源利用的影响效果。

（3）进一步运用实证与规范分析方法，运用生态平衡与生态承载力理论，分析农业土地开发对流域水资源影响的生态效应。

（4）通过调查问卷法、到农村入户访谈等调研方法，研究分析农户行为对农业土地开发、水资源利用与生态环境的行为选择，对政府管理、市场机制的行为选择，并进行农户行为选择对农业开发与水资源利用的实证分析。

（5）运用新制度经济分析方法，运用公共物品与产权理论、博弈论、外部性理论等经济学、管理学理论与方法，分别从流域管理体制，水土资源的公共物品属性与市场机制缺失，人口增长与经济发展的外在环境驱动，以及农户行为博弈等方面，分析农业土地开发对水资源影响管理体制机制成因。

（6）运用可持续发展理论，运用资源环境价值理论，提出水资源约束下的塔里木河流域管理与水土资源开发对策。

第六节　研究方法

涉及研究的交叉学科有：可持续发展理论、管理学、经济学、农业生态学、水域生态学、环境生态学、生态经济学等学科。

（1）以组织理论等研究农业开发对塔里木河流域的影响作用机制；以需求与供给、博弈论、外部性理论、公共物品与产权理论研究农业开发活动的影响效果与原因；以可持续发展理论、生态经济理论、生态平衡与生态承载力理论、资源环境价值理论，研究流域农业开发与水土资源可持续利用对策。

（2）目前国内外广泛采用的需水预测方法有：一是基于统计规律的需水预测；二是基于用水机理的需水预测方法；三是两者的结合，主要为用水定额预测方法；四是基于建立模型的模拟预测方法。其中基于用水定额的需水预测方法可按下列公式建立模型：

$$E = \sum_{j=1}^{m} \sum_{i=1}^{n} (A_i \cdot M_i)/R_j$$

E 为农业开发活动需水量；i 为农业开发活动序号；A_i 为第 i 种农业开发活动需水基数（及活动量）；M_i 为第 i 种人类活动单位需水定额（即为农业开发中棉花每公顷需水量等）；R_j 为农业开发活动需水利用系数。

（3）用归一化植被指数（NDVI）数据提取的农业 NDVI 累积作为农业开发活动因素综合，分析农业活动因素对径流变化的影响。

第七节　技术路线

收集和查阅相关资料进行理论准备→根据研究目标和研究内容拟订调查计划→正式进行调查→分析资料和现状→研究塔里木河流域自然地理与社会经济概况→研究塔里木河流域农业土地开发历史与现状→研究农业土地开发对塔里木河流域水资源利用影响及生态效应→水土资源开发利用效率低下的成因→水土资源开发利用的农户行为选择调查→最后提出水资源约束下的塔里木河流域农业开发与水资源利用对策，如图1－1所示。

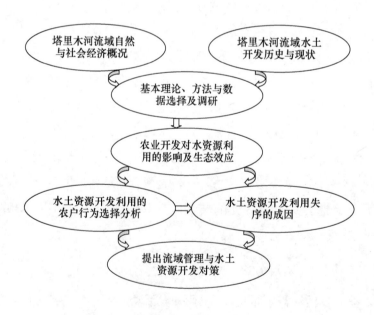

图1－1　技术路线

第八节 研究创新

（1）提出了公共物品分割理论，并以塔里木河流域水土资源开发利用为研究对象，分析了公共物品分割产生的原因、形成机理，以及导致流域"抽刀断水水不流"的外部性影响。

（2）分析了公共物品分割产生利益主体的博弈行为，提出了公共物品缺乏产权利益的直接代言人，以及分割利益主体存在产权利益流失与产权监督管理不到位等问题，并引发了"公地公水悲剧"。

（3）提出流域"生态经济人"行为缺失，以及缺乏生态理性人行为导致流域与区域，政府管理与市场机制，政府各部门与农户等各利益主体在开发利用水、土资源上的博弈，并通过对流域10县2团场的实证调查研究进行了验证。

（4）系统研究并阐述了农业土地开发对塔里木河流域水资源分配利用所导致的流域源流与干流、流域上中下游、流域不同水资源消费主体的影响。

（5）提出了水资源约束下的流域管理与水土资源开发对策，强化流域的统一协调管理，建立以水为核心的流域开发战略，加强公共物品产权管理，建立市场调节机制，塑造"生态经济人"行为，促进流域可持续发展。

第二章　基本理论、方法与研究对象

第一节　基本理论工具

一、可持续发展理论

可持续发展思想的第一次提出是世界环境与发展委员会,由挪威前首相布伦特兰夫人于 1987 年发表了研究报告《我们共同的未来》。该报告提出了可持续发展的明确定义:可持续发展是既满足当代人的需要,又不对后代人满足其需要的能力构成危害的发展。可持续发展的提出,得到各国政府和国际社会的广泛认同。1992 年 6 月,联合国在里约热内卢召开了世界环境与发展大会,会议通过并签署了《里约环境与发展宣言》、《21 世纪议程》、《气候变化框架公约》、《生物多样性公约》、《关于森林问题的原则声明》5 个体现可持续发展思想、贯彻可续发展战略的文件。2002 年,联合国在南非约翰内斯堡举行了可持续发展世界首脑大会,会议通过了名为《约翰内斯堡可持续发展宣言》的政治宣言和《可持续发展实施计划》,提出要将可持续发展由理论变为具体行动,解决实践问题。突出强调了可持续发展的三个支柱,即经济增长、社会发展和环境保护相互促进和相互协调的重要性。可持续发展是环境保护压力与经济增长动力这样两种力量的妥协或矛盾的统一,是既不能因为环境保护而扼杀经济发展,又不可为了经济发展而破坏人类的生存环境。

二、公共物品理论、产权理论、外部性理论与博弈论

1. 公共物品理论

经济学意义上的公共物品（Common Goods），是指具有消费非竞争性和消费中无排他性特征的物品。所谓消费的非竞争性是指一个人对某一物品的消费不会减少或干扰他人对同一物品的消费；所谓消费的无排他性是指不能阻止任何人对某物品享受免费消费。具备上述特征的物品被称为"纯粹公共物品"，而当物品具有较大的外部影响时则被称为"准公共物品"（Quasi - public Goods）。环境质量或服务这类物品大体上都可划入准公共物品。美国的环境保护主义者加雷特·哈丁（G. Hardin）于 1968 年发表了《公地的悲剧》一文。"公地悲剧"说明，公共物品的产权开放性容易导致对资源的普遍滥用和环境资源消费者的"搭便车"现象。如果不对公共资源的使用作出明确限制，公共资源的配置只能是低效率的配置，"公地的悲剧"实质上就是公共资源的低效率配置。

公共物品的特征：

（1）公共物品都不具有消费的竞争性，即在给定的生产水平下，向一个额外消费者提供商品或服务的边际成本为零。

（2）消费的非排他性，即任何人都不能因为自己的消费而排除他人对该物品的消费。

（3）具有效用的不可分割性。公共物品是向整个社会共同提供的，整个社会的成员共同享用公共物品的效用，而不能将其分割为若干部分，分别归属于某些个人、家庭或企业享用。或者，按照"谁付款，谁受益"的原则，限定为之付款的个人、家庭或企业享用。

（4）具有消费的强制性。公共物品是向整个社会供应的，整个社会成员共同享用它的效用。公共物品一经生产出来，提供给社会，社会成员一般没有选择余地，只能被动地接受。公共物品不是自由竞争品，它具有高度的垄断性。公共物品的这一性质，提醒人们必须注意公共物品的质量和数量。

公共物品的分类，第一类是纯公共物品，即同时具有非排他性和非竞争性；第二类公共物品的特点是消费上具有非竞争性，但是却可以较轻易地做到排他性，有学者将这类物品形象地称为俱乐部物品（Club Goods）；第三类公共物品

与俱乐部物品刚好相反，即在消费上具有竞争性，但是却无法有效地排他，这类物品称为共同资源或公共池塘资源物品。俱乐部物品和共同资源物品通称为准公共物品，即不同时具备非排他性和非竞争性。准公共物品一般具有"拥挤性"的特点，即当消费者的数目增加到某一个值后，就会出现边际成本为正的情况，而不是像纯公共物品，增加1个人的消费，边际成本为零。准公共物品到达"拥挤点"后，每增加1个人，将减少原有消费者的效用。

公共物品、私人物品和准公共物品的差别：公共物品和私人物品是相对而言的，两者之间的区别可以用是否具备排他性和对抗性来确定。如果某种物品同时具有消费的非竞争性和非排他性，这种物品无疑就是纯公共物品，很容易与私用物品区别开来。可是，在很多情况下，这两个特征不一定同时存在。如果某种物品只存在一个特征，可称其为准公共物品或准私人物品，即混合品。因此，整个社会的物品又可以划分为三大类：纯私用物品、纯公共物品和混合品。

准公共物品的特征：

（1）具有消费的完全排他性，同时具有消费的完全非竞争性。

（2）具有消费的完全竞争性，同时具有消费的完全非排他性。

（3）具有消费的完全排他性，同时具有一定程度的非竞争性或不完全的竞争性。

（4）具有消费的完全非竞争性，同时具有一定程度的非排他性或不完全的排他性。

（5）具有一定程度的非排他性和非竞争性。

纯公共物品、纯私人物品以及准公共物品的特征：

公共物品的非排他性与非竞争性不是绝对的，也不是固定不变的，公共物品的这些特征会因为技术条件、制度条件以及消费者人数的变化而发生变化，即非排他性程度与非竞争性程度降低或上升。例如灯塔，它是典型的具有非排他性与非竞争性的公共物品，但假定有人发明了一种干扰装置，该装置能使不安装某种特殊接收器的船只不能获得灯塔的信号。或者灯塔的主人向在灯塔周围一定范围内航行而没有许可证的任何船只发射导弹，是合法的。在这两种场合，灯塔将具有排他性。这是非排他性在技术和制度条件发生变化时，向排他性转化的例子。再如，在一座不拥挤的桥上增加1辆车的通行，不会增加边际成本，不会影响其他车辆的通行，但如果该桥已经处于拥挤状态，再增加1辆车的通行，显然会妨碍其他车辆的运行、带来边际社会成本较高。这是非竞争性向竞争性转化的例子。

由于公共物品的非排他性，难免某些个人参与了公共物品消费，却不愿意支付公共物品的生产成本，这就是所谓的"搭便车"的问题。由于"搭便车"问题的存在，便产生了市场失灵现象，即市场无能力使之达到帕累托最优分配。对此，经济学家的解释是，在公共物品的消费中，经济行为者通常会有一种控制或占用他人的公共物品份额，以减少自己提供这些商品的刺激的行为。他们的结论是，公共物品生产必须依靠一个集中计划的过程，以达到资源的有效配置。

因此，公共物品的本质特征决定了政府提供的必要性。公共物品的非排他性决定了人们在消费这类产品时，往往都会有不付费的动机，而倾向于成为"免费搭车者"，这种情形不会影响他人消费这种产品，也不会受到他人的反对（由公共物品的非竞争性特点所决定）。在一个经济社会中，只要有公共物品存在，"免费搭车者"就不可避免。生态资源具有非竞争性和非排他性，属于公共产品的范畴。作为公共产品，生态资源在消费中的非竞争性，往往导致过度使用的"公地悲剧"。而生态资源在消费中的非排他性则会导致供给不足的"搭便车"现象。

具有竞争性和非排他性的公共池塘资源往往存在拥挤效应和过度使用问题，非正式制度安排下的无偿占有和"搭便车"激励下的无人供给使得"公地悲剧"在局部地区频繁出现。根据奥斯特罗姆的公共池塘资源模型，并非所有的公地都出现了过度开发的问题。经案例研究发现，每一个案例都对应着一套规则，比如高山草场的伐木与保护规则，韦尔塔的用水规则，地下水的开采规则，渔场的作业规则。在这些规则背后，还有一系列的保障措施、惩罚措施、部落规则等。虽然此类规则非常脆弱，但这些小组织内的成员还是努力推动着制度变迁，重构当地区域的制度供给体系，形成公共池塘资源高效、合理、可持续的发展格局。对于自主组织与自主治理案例的分析而言，奥斯特罗姆主张从共有资源的占用和供给现状入手，多层次地分析区域的制度结构，在正式和非正式的集体选择中明确共有资源的操作细则。

相对于俱乐部物品而言，由于公共池塘资源具有非排他性，因此俱乐部规模对于个人效用函数而言并非关键因素；反而是公共池塘资源的竞争性要求每种公共池塘资源的每个消费者的支付意愿存在差异。公共池塘资源问题可以转化为俱乐部问题进行处理，但并非所有的池塘资源问题均可转化为俱乐部问题处理。当公共池塘资源具有使用者规模小，相应产权容易界定，或者奖惩机制可以有效运行时，公共池塘资源就可以转化为私人物品进行处理，即可交易的公共池塘资源；当公共池塘资源使用者规模巨大，但可以排他时，公共池塘资源就可以转化为俱乐部物品进行处理。

2. 产权理论

1991 年诺贝尔经济学奖得主科斯是现代产权理论的奠基者和主要代表，被西方经济学家认为是产权理论的创始人，他一生所致力考察的不是经济运行过程本身（这是正统微观经济学所研究的核心问题），而是经济运行背后的财产权利结构，即运行的制度基础。他的产权理论发端于对制度含义的界定，通过对产权的定义，对由此产生的成本及收益的论述，从法律和经济的双重角度阐明了产权理论的基本内涵。以马克思对产权的定义为指导，全面深刻地从正反两个方面分析研究科斯产权理论（主要是"科斯第二定理"）的实质和特点。没有产权的社会是一个效率绝对低下、资源配置绝对无效的社会。能够保证经济高效率的产权应该具有以下的特征：①明确性，它是一个包括财产所有者的各种权利及对限制和破坏这些权利时的处罚完整体系；②专有性，它使因一种行为而产生的所有报酬和损失都可以直接与有权采取这一行动的人相联系；③可转让性，这些权利可以被引到最有价值的用途上去；④可操作性。

清晰的产权可以很好地解决外部性问题。科斯提出的"确定产权法"认为，在协议成本较小的情况下，无论最初的权利如何界定，都可以通过市场交易达到资源的最佳配置，因而在解决外部性问题时，可以采用市场交易形式。一切经济交往活动的前提是制度安排，这种制度实质上是一种人们之间行使一定行为的权力。因此，经济分析的首要任务是界定产权，明确规定当事人可以做什么，然后通过权利的交易，达到社会总产品的最大化。因此，完善产权制度，对人口、资源、环境和经济协调与持续发展具有极其重要的意义，对水资源开发利用和保护具有重要作用。市场经济需要完善水资源产权，在保证国家对水资源宏观调控、统筹规划的前提下，应尽可能扩大产权的流转范围，因此建立产权交易市场是产权制度的客观要求，产权交易的结果最终将引导水资源流向最有效率的地区或部门，流向能为社会创造更多财富的用户。

20世纪50年代末60年代初，科斯产权思想的一个显著特点是将交易成本概念进一步拓展为社会成本范畴，而社会成本范畴研究的核心又在于外部性问题：恰恰在外部性问题上，产权界区含混所造成的混乱和对资源配置有效性的损害表现得最为充分。1958年科斯写的论文《联邦通讯协议》（The Federal Communications Commission）中明确指出，只要产权不明确，由外在性带来的公害是不可避免的，只有明确产权，才能消除或降低这种外在性所带来的伤害。在明确产权的基础上，引入市场价格机制，就能有效地确认相互影响的程度以及相互负担的责任。他举了一个著名的案例（后来产权学派的三个分支就是由于对这一案例做出了三种不同的解释，从而表现出他们对科斯定理的独特的理解）：当火车驶过一片种有树木和庄稼的土地时，机车排出的烟火经常引起周围的树木、庄稼着火，这是一种外在性。如何克服它呢？科斯认为关键在于明确产权。如果这块土地是属于有树木、庄稼的农场主的，农场主就有权禁止火车排放烟火，火车若要排烟，火车的所有者就必须向土地的主人赔偿一定的费用；反之，如果赋予火车主人具有自由排放烟火而又不负责任的权力，那么农场主若想避免由于火车排放烟火所导致火灾造成的损害，进而要求火车不排放烟火，就必须向火车主人支付一笔费用，以使火车主人愿意并能够不排放烟火，甚至停止运行。科斯由此认为，更有效地消除外在性，用市场交易的方式实现赔偿，前提就在于明确产权。

科斯发表的著名的《论社会成本问题》，将1958年形成的思想进一步理论化，在这篇文章中科斯认为，只要交易界区清晰，交易成本就不存在，如果交易成本为零，那么传统微观经济学和标准福利经济学所描述的市场机制就是充分有效的，经济当事人相互间的纠纷便可以通过一般的市场交易得到有效解决，外在性也就根治了。这里隐含着这样一个思想：只要产权界区不清，交易成本不为零，市场机制就会由于外在性的存在而失灵。后来，G. 斯蒂格勒将科斯的上述思想概括为科斯定理，这一概括虽不是科斯本人做出的（甚至他至今仍不赞同"科斯定理"这一提法），却被许多经济学家所承认，并将其与萨伊定理相提并论。

3. 外部性理论

所谓外部性（Externality），是指实际经济活动中，生产者、消费者的决策或活动对其他生产者、消费者产生超越活动主体范围的利害影响。其中，正面的、积极的或有益的影响称为外部经济性或正外部性，负面的、消极的、有害的影响称为外部不经济性或负外部性。外部性理论是现代环境经济政策的理论支柱。它起源于英国经济学家马歇尔（Marshall）的"内部经济"和"外部经济"的理论与庇古（Pigou）的《卫生经济学》中的"外部性"概念。科斯试图通过市场方式解决外部性问题。

在西方经济学中，经济活动的外部性是用以解释环境问题形成的基本理论。从经济学角度认为，忽略外部性问题就是认为水资源的开发利用及消费对社会上的其他人没有影响，即单个经济单位从其经济行为中产生的私人成本和私人利益被认为是等于该行为所造成的社会成本和社会利益。

但是在实际中，这种理想的行为是极少存在的。在大多数场合下，无论是水资源生产者还是消费者的经济行为都会对社会其他成员带来利益或危害。水资源利用的外部性主要包括代际外部性、取水成本外部性、水资源存量外部性、环境外部性、水污染外部性、水源保护外部性等。而代际外部性、取水成本外部性、水资源存量外部性、环境外部性、水污染外部性等都给社会造成了未由私人承担的外部成本，是外部不经济性；唯水源保护外部性则是给社会带来未获得补偿的外部效益，是一种外部经济性。根据经济学理论，无论是外部不经济效益还是外部经济效益都会造成私人成本（收益）不同于社会成本（收益），引起帕累托效率的偏离，导致资源的不合理配置。为保证资源的可持续利用，必须消除私人成本（收益）与社会成本（收益）的差异，达到帕累托效率最优。外部成本（收益）内部化是实现帕累托效率最优的有效方式。

4. 水权制度研究

人类对水资源的消费，起初并不存在所谓的水权问题，而是随着水资源由丰富到匮乏的转变，水资源才开始显示出其特有的稀缺性。关于水权的概念，一种观点认为，水权就是对水资源的占有、使用、经营（收益）、管理（处置）的权力，可以分为物权和产权，水权实际上就是水资源的所有权。另一种观点认为，水权是指对水的权利而非对水的权力，且仅仅指法律意义上对水的权利，是水资源所有权和水（商品）的所有权的合称。

各个国家因水资源状况、水资源管理体制和水法规制定主体的不同，所实行的水权管理体系也不尽相同。即便是同一个国家，由于地理条件、自然条件和经济发展水平的不同，其水权管理体系也不尽相同。但不论哪一种管理模式，国外水权管理在水权的分配、获取、转让以及水市场的规范管理方面都存在诸多共性，比如按水权配置水资源、按照优先用水原则进行水权分配、获取水权需要缴纳费用，即水权的有偿使用以及规范水权转让，培育水权交易市场等。

　　国外涌现了许多关于水权制度创新的探索。R. Maria saleth 和 Ariel Dinar 分析了全球水权制度的变迁。Bryan 总结了水权制度改革的经验。Benjamin F. Vaughan Ⅳ 研究了 19 世纪美国西部的水权制度。美国西部地区的水使用许可制度有三种，即河岸水优先使用权、优先占用水使用权和混合制度。

　　（1）河岸水优先使用权。在雨量较丰富的美国东部地区，承认与水流相邻的土地（河岸地）所有者在他的土地上有使用水的权利，但仅限于当时水量，进行有限的用水，不得有对水质造成恶化的行为，不能影响其他河岸水使用者合理用水。当不能满足所有河岸水使用者的需水要求时，水使用权人应根据各自的权利量减少各自的用水量。

　　（2）优先占用水使用权。雨量较缺乏的美国西部地区，土地所有权不是实际用水的根本条件，水作为公共资源不属于任何人。优先占用水使用权只在"有益利用"的范围内才予以承认，对相当于许可量的必要水量要进行审查，多余的水权不予承认。在水的利用场所和目的发生变更以及水权转让的情况下，必须伴随水使用许可。优先占用水使用权人在一定时期内不使用水权即丧失权利，水权与地权分离。

　　（3）混合制度。即上述两种制度并存的混合水使用制度。

　　澳大利亚水资源属于州政府所有，管理权限主要在地方，传统的水权是附着在土地上一并属于私有。进入 20 世纪 90 年代，澳大利亚对水权制度进行了改革，各州把水权从地权中剥离出来，明确水权，开放水市场，允许永久和临时性的水权交易，用水户可以将富余的、不用的水量出售赢利，也可将取水权永久卖掉。

　　智利也进行了水权制度的改革，在原有的公共水权制度框架下逐步引入了可交易水权制度。智利法律规定，水是一种公共商品，宪法规定"个人、企业通过法律获得水权"，水权所有者有被允许使用水、从中获利和处置水的权利，水权可以脱离土地并可作为抵押品、附属担保品和留置权。水的使用权有消耗性和非消耗性两种。非消耗性用水权允许使用者在使用水的同时要保证水质。英国在水行业中引入了竞争机制。法国进行了水价方面的改革。

在国内，由于我国早期的水资源管理方式遵循的是"以需定供"的模式，水资源被认为是"取之不尽，用之不竭"的物品，因此并未提出水权问题。随着水资源短缺和水危机的日益加剧，水权问题在我国才引起了普遍的关注。水权制度是界定、配置、调整、保护和行使水权，明确政府之间、政府和用水户之间以及用水户之间的权、责、利关系的规则，是从法制、体制、机制等方面对水权进行规范和保障的一系列制度的总称。在我国，水权制度建设至少应包括流域及区域水权的配置、个体取水权的配置、灌区的农民用水权和公共供水管网下用水权的配置三个层面的体系配置和水量分配方案、监测计量系统与管理制度建设三个方面的支撑内容。可见，水权制度建设所包含的三个层面的内涵各不相同，第一层次确定的是某一行政区域的公共水权，第二层次确定的是取用水户的物权，第三层次则是灌区或公共供水管网下具体用水户的用水权。水量分配方案是水权制度建设的技术基础，而水资源监测计量系统的建设将实现水量分配方案由"虚"到"物"的转化，构筑起了权利载体；水权管理制度建设将实现水量分配方案由"量"到"权"的转化，赋予其权利属性。总之，水权既是一个静态的概念，同时又是一个动态的概念，即水权是交易的水权。

5. 博弈论

博弈论（Game Theory）对人的基本假定是：人是理性的（Rational）或者说是自私的，理性的人是指他在具体策略选择时的目的是使自己的利益最大化，博弈论研究的是理性人之间如何进行策略选择的。博弈的分类根据不同的基准也有不同的分类。一般认为，博弈主要可以分为合作博弈和非合作博弈。合作博弈和非合作博弈的区别在于相互发生作用的当事人之间有没有一个具有约束力的协议，如果有，就是合作博弈；如果没有，就是非合作博弈。

从行为的时间序列性，博弈论进一步分为静态博弈、动态博弈两类：静态博弈是指在博弈中，参与人同时选择或虽非同时选择但后行动者并不知道先行动者采取了什么具体行动；动态博弈是指在博弈中，参与人的行动有先后顺序，且后行动者能够观察到先行动者所选择的行动。通俗的理解是："囚徒困境"就是同时决策的，属于静态博弈；而"棋牌类游戏"等决策或行动有先后次序的，属于动态博弈。按照参与人对其他参与人的了解程度分为完全信息博弈和不完全信息博弈。完全博弈是指在博弈过程中，每一位参与人对其他参与人的特征、策略空间及收益函数有准确的信息。

不完全信息博弈是指如果参与人对其他参与人的特征、策略空间及收益函数信息了解得不够准确，或者不是对所有参与人的特征、策略空间及收益函数都有准确的信息，在这种情况下进行的博弈就是不完全信息博弈。

目前，经济学家们现在所谈的博弈论一般是指非合作博弈，由于合作博弈论比非合作博弈论复杂，在理论上的成熟度远远不如非合作博弈论。非合作博弈又分为：完全信息静态博弈、完全信息动态博弈、不完全信息静态博弈、不完全信息动态博弈。与上述四种博弈相对应的均衡概念为：纳什均衡（Nash Equilibrium）、子博弈精炼纳什均衡（Subgame Perfect Nash Equilibrium）、贝叶斯纳什均衡（Bayesian Nash Equilibrium）、精炼贝叶斯纳什均衡（Perfect Bayesian Nash Equilibrium）。博弈论还有很多分类，比如，以博弈进行的次数或者持续长短可以分为有限博弈和无限博弈；以表现形式为标准也可以分为一般型（战略型）和展开型，等等。

基本概念有：

（1）决策人：在博弈中率先作出决策的一方，这一方往往依据自身的感受、经验和表面状态优先采取一种有方向性的行动。

（2）对抗者：在博弈二人对局中行动滞后的那个人，与决策人要作出基本反面的决定，并且他的动作是滞后的、默认的、被动的，但最终占优。他的策略可能依赖于决策人劣势的策略选择，占去空间特性，因此对抗是唯一占优的方式，实为领导人的阶段性终结行为。

（3）局中人：在一场竞赛或博弈中，每一个有决策权的参与者成为一个局中人。只有两个局中人的博弈现象称为"两人博弈"，而多于两个局中人的博弈称为"多人博弈"。

（4）策略：一局博弈中，每个局中人都有选择实际可行的完整的行动方案，即方案不是某阶段的行动方案，而是指导整个行动的一个方案，一个局中人的一个可行的自始至终全局筹划的一个行动方案，称为这个局中人的一个策略。如果在一个博弈中局中人都总共有有限个策略，则称为"有限博弈"，否则称为"无限博弈"。

（5）得失：一局博弈结局时的结果称为得失。每个局中人在一局博弈结束时的得失，不仅与该局中人自身所选择的策略有关，而且与全局中人所取定的一组策略有关。所以，一局博弈结束时每个局中人的"得失"是全体局中人所取定的一组策略的函数，通常称为支付（Payoff）函数。

（6）次序：各博弈方的决策有先后之分，且一个博弈方要做不止一次的决策选择，就出现了次序问题；其他要素相同次序不同，博弈就不同。

（7）博弈涉及均衡：均衡是平衡的意思，在经济学中，均衡意即相关量处于稳定值。在供求关系中，某一商品市场如果在某一价格下，想以此价格买此商品的人均能买到，而想卖的人均能卖出，此时我们就说，该商品的供求达到了均衡。所谓纳什均衡，它是一稳定的博弈结果。

纳什均衡：在一策略组合中，所有的参与者面临这样一种情况，当其他人不改变策略时，他此时的策略是最好的。也就是说，此时如果他改变策略他的支付将会降低。在纳什均衡点上，每一个理性的参与者都不会有单独改变策略的冲动。纳什均衡点存在性证明的前提是"博弈均衡偶"概念的提出。所谓"均衡偶"是在二人零和博弈中，当局中人 A 采取其最优策略 a∗，局中人 B 也采取其最优策略 b∗，如果局中人 B 仍采取 b∗，而局中人 A 却采取另一种策略 a，那么局中人 A 的支付不会超过他采取原来的策略 a∗ 的支付。这一结果对局中人 B 亦是如此。这样，"均衡偶"的明确定义为：一对策略 a∗（属于策略集 A）和策略 b∗（属于策略集 B）称为均衡偶，对任一策略 a（属于策略集 A）和策略 b（属于策略集 B），总有：偶对（a，b∗）≤偶对（a∗，b∗）≥偶对（a∗，b）。

对于非零和博弈也有如下定义：一对策略 a∗（属于策略集 A）和策略 b∗（属于策略集 B）称为非零和博弈的均衡偶，对任一策略 a（属于策略集 A）和策略 b（属于策略集 B），总有：对局中人 A 的偶对（a，b∗）≤偶对（a∗，b∗）；对局中人 B 的偶对（a∗，b）≤偶对（a∗，b∗）。

有了上述定义，就立即得到纳什定理：任何具有有限纯策略的二人博弈至少有一个均衡偶。这一均衡偶就称为纳什均衡点。纳什定理的严格证明要用到不动点理论，不动点理论是经济均衡研究的主要工具。通俗地说，寻找均衡点的存在性等价于找到博弈的不动点。

纳什均衡点概念提供了一种非常重要的分析手段，使博弈论研究可以在一个博弈结构里寻找比较有意义的结果。但纳什均衡点定义只局限于任何局中人不想单方面变换策略，而忽视了其他局中人改变策略的可能性，因此，在很多情况下，纳什均衡点的结论缺乏说服力，研究者们形象地称之为"天真可爱的纳什均衡点"。塞尔顿（R. Selten）在多个均衡中剔除一些按照一定规则不合理的均衡点，从而形成了两个均衡的精练概念：子博弈完全均衡和颤抖的手完美均衡。

纳什编制的博弈论经典故事"囚徒困境"，说明了非合作博弈及其均衡解的成立，故称"纳什平衡"。所有的博弈问题都会遇到三个要素。在囚徒的故事中，两个囚徒是当事人（Players）又称参与者；当事人所做的选择策略（Strategies）是承认了杀人事实，最后两个人均赢得（Payoffs）了中间的宣判结果。如果两个囚徒之中有一个承认杀人，另外一个抵赖，不承认杀人，那么承认者将会得到减刑处理，而抵赖者将会得到最严厉的死刑判决，在故事中两个人都承认了犯罪事实，所以两个囚徒得到的是中间的结果。

"囚徒困境"扩展为多人博弈时，就体现了一个更广泛的问题——"社会悖论"或"资源悖论"。人类共有的资源是有限的，当每个人都试图从有限的资源中多拿一点儿时，就产生了局部利益与整体利益的冲突。人口问题、资源危机、交通阻塞，都可以在社会悖论中得以解释，在这些问题中，关键是通过研究，制定游戏规则来控制每个人的行为。

在污染博弈中，假如市场经济中存在着污染，但政府并没有管制的环境，企业为了追求利润最大化，宁愿以牺牲环境为代价，也绝不会主动增加环保设备投资。按照"看不见的手"的原理，所有企业都会从利己的目的出发，采取不顾环境的策略，从而进入"纳什均衡"状态。如果一个企业从利他的目的出发，投资治理污染，而其他企业仍然不顾环境污染，那么这个企业的生产成本就会增加，价格就要提高，它的产品就没有竞争力，甚至企业还要破产。只有在政府加强污染管制时，企业才会采取低污染的策略组合。企业在这种情况下，获得与高污染同样的利润，但环境将更好。

三、生态经济理论

生态系统概念是英国生态学家 A. G. Tansley 于 1935 年首先提出的。一般认为，生态系统是一定空间中栖居着的所有生物与其环境之间由于不断地进行物质循环和能量流动过程而形成的统一整体。在任何一个生态系统中，生物与其环境总是不断地进行着物质、能量与信息的交流，但在一定时期内，生产者、消费者与分解者之间都保持一种平衡状态，即系统中能量流动与物质循环较长时间地保持稳定，这种平衡状态称为生态平衡。环境生态学是在研究人为干扰下，生态系统内在的变化机理、规律和对人类的反作用，寻求受损生态系统恢复、重建和保护对策的科学，即运用生态学理论，阐明人与环境间的相互作用关系及解决环境问题的生态途径。

生态经济学是近20年发展起来的一门崭新的边缘科学。生态经济学所观察思考的客观实体是由生态系统和经济系统组成的有机统一体。它不是一般地考察生态系统和经济系统，也不是简单地把生态系统与经济系统加在一起，而是研究生态系统与经济系统的内在联系，即内在规律性。对于流域生态经济的研究，无论是从理论上还是实践中都具有十分重要的意义。生态经济学的一个基本假设是积极主动地把握不确定性因子，建立一套生态和经济最低安全标准，其目的是保护生态系统的自组织能力，使人类社会能面对各种变化的环境条件，达到生态与经济发展的协调。生态经济主要涉及三个系统：经济系统、生态系统和社会系统。

循环经济本质上是一种生态经济。循环经济倡导的是一种与自然和谐的经济发展模式，是变"资源—产品—废弃物"传统的单向线性经济为"资源—产品—再生资源"闭环流动的循环经济。循环经济有减量化、再利用、再循环的（"3R"原则）运行规则，要求变消极的产品污染治理为积极的产品全程管理，把经济活动组织成一个"资源—产品—再生资源"的反馈式流程，所有的物质和能源都在一种不断进行的经济循环中，得到合理和持久的利用，从而把经济活动对自然环境的影响降低到尽可能小的程度。

四、需求与供给、生态平衡与生态承载力理论

1. 需求与供给理论

需求是指消费者在某一特定时期内，在每一价格水平上愿意并且能够购买的商品量。供给是指生产者在某一特定时期内，在每一个价格水平上愿意并且能够供应的商品量。当供给与需求量相等时，市场出清，这时称市场达到均衡。在市

场经济中，需求和供给并不总是均衡的，当市场状况发生变化时，一些市场或许不能很快出清，但出清是市场发育的总趋势。对于水资源商品来说，价格与供需信息常常是不存在，或不同时存在，不确定或者是有限的约束。构建水资源商品价格，首先要建立水资源商品的市场机制，建立市场需求曲线和市场供给曲线。

2. 生态平衡与生态承载力理论

基于生态平衡原理，任何生态系统都有一个承受能力上限。当向生态系统排放的污染物超过生态系统的自净能力时，生态系统就会被污染，进而导致生态环境恶化；当生态系统供养的生物超过它的生物生产能力时，生态系统就会萎缩甚至解体；当对生态系统施加的外部冲击的周期短于它的自我恢复周期时，生态系统也将因不能自我恢复而被破坏。因此，为了保护生态系统，必须一方面使它供养的生物的数量不超过它的生物生产能力，另一方面还需确保排入生态系统的污染物量不超过它的自净能力，以及使冲击周期长于生态系统的恢复周期。

承载力原为力学中的一个指标，指物体在不产生任何破坏时的最大荷载，通常具有力的量纲，现已成为描述发展限度最常用的概念。生态学研究领域最早引用承载力的概念，即"承载力"是指在某一特定环境条件下，某种生物个体可存活的最大数量，即著名的逻辑斯谛方程的 K 值。

在 20 世纪 60 年代晚期至 70 年代早期，由于人口和经济增长，人类对自然环境的破坏日益加大，因此关于承载力的讨论日益引起了人们的广泛关注。当人们研究区域系统时，普遍借用了这一概念，以描述区域系统对外部环境变化的最大承受能力。随着研究的深入，承载力被发展成为现代的承载能力，成为用以描述发展限制程度最常用的概念。目前存在着多个版本的承载力定义。在《远东英汉大辞典》中，承载力被定义为，"某一自然环境所能容纳的生物数目（指最高限度）"。国际自然保护同盟（IUCN）、联合国环境规划署（UN-EP）、世界野生动物基金会（WWF）将承载力定义为，"一个生态系统在维持生命有机体的再生能力、适应能力和更新能力的前提下，承受有机体数量的限度"。承载力经历了人口承载力—资源承载力—环境承载力—区域系统承载力的演进过程，承载力的概念演化也是人类对社会发展中不断出现的问题所做出的响应与变化的结果。

在干旱区，研究承载力也是围绕着与生存和发展息息相关的水、土展开的，最终的结果都归结到人口承载的评价和预测上。但是干旱区绿洲有一个突出的特点就是唯水性，水制约着绿洲的规模、制约着绿洲社会经济的承载能力，因而水是研究绿洲的重要突破口。综观多数研究都是围绕水资源承载力展开的。然而，承载力是自然、经济和社会体系调节能力的客观反映。从某一角度研究承载力虽然在一定程度上体现了对某一问题的重视，可往往忽视了区域系统的整体效应。系统内任何要素的变化，都会引起其他要素的变化，进而影响到系统的整体结构与功能。

3. 资源环境价值理论

环境与资源经济学是通过现代福利经济学和费用—效益分析方法这个中介，从理论上和实践中接受经济人假定（经济人假定指的是在经济活动中，个人所追求的唯一目标是其自身经济利益的最优化。换句话说，经济人主观上既不考虑社会利益，也不考虑自身的非经济利益这一基本规范而形成的）。根据环境经济学理论，环境资源是有价值的。生态价值是指环境价值中无形的，比较虚的功能性服务价值。也就是说，生态价值来源于生态系统的服务功能。水作为一种特殊的生态资源，根据水提供的消费与市场化特点，可以将水的服务功能分为水经济服务功能与水生态服务功能。

五、其他相关研究理论

庇古提出环境破坏的"外部效应内部化"，提出征收相应于污染物排放量的"庇古"税。科斯指出，外部效应的产生是由于产权不明晰造成的，并且发明了著名的"科斯定律"，指出假如产权清晰，污染者和被污染者会走到一起进行谈判，最终达到帕累托最优。科斯认为，在市场交易的成本为零时，法院有关损害责任的判决对资源的配置毫无影响。巴泽尔（1997）认为，个人对资产的产权由消费这些资产、从这些资产中取得收入和让渡这些资产的权利或权力构成。产权不是绝对的，而是能够通过个人的行动改变的。意大利人帕累托定义了帕累托效率来度量社会福利效率。帕累托改进给人以理想状态的感觉：或者每个人的福利都提高，或者在每个人福利都不损失的情况下，至少有一个人的福利提高。

第二节　基本方法选择

一、新制度经济分析方法

新制度经济学是一门年轻的经济学，也是关于真实世界的经济学，它的直接思想源头可以追溯到 20 世纪 30 年代，以美国经济学家罗纳德·科斯的《企业的性质》为标志。新制度经济学出现前的经济理论包括新古典经济理论的核心是价格理论，而价格理论的基本分析方法是均衡分析方法；均衡分析是以利益最大化和完全竞争市场这个制度条件为前提的；如果市场机制发育不成熟，政府对经济运行和资源配置进行行政性干预，均衡分析就不能正确解释经济现象。

制度变迁理论是新制度经济学的一个重要内容。其代表人物是诺思，他强调，技术的革新固然为经济增长注入了活力，但人们如果没有制度创新和制度变迁的冲动，并通过一系列制度（包括产权制度、法律制度等）构建把技术创新的成果巩固下来，那么人类社会长期经济增长和社会发展是不可设想的。总之，诺思认为，在决定一个国家经济增长和社会发展方面，制度具有决定性的作用。

制度变迁的原因之一就是相对节约交易费用，即降低制度成本，提高制度效益。所以，制度变迁可以理解为一种收益更高的制度对另一种收益较低的制度的替代过程。产权理论、国家理论和意识形态理论构成制度变迁理论的三块基石。制度变迁理论涉及制度变迁的原因或制度的起源问题、制度变迁的动力、制度变迁的过程、制度变迁的形式、制度移植、路径依赖等。

在科斯、诺思和威廉姆森等人看来，现实社会中的"经济人"并不具有完全理性，而只是有限理性，即人在知识、预见力、技能和时间上是有限度的。具体说，人的有限理性包括两个方面的含义：其一，环境是复杂的，在非个人交换形式中，人们面临的是一个复杂的、不确定的世界，而且交易越多，不确定性就越大，信息也就越不完全。其二，人对环境的计算能力和认识能力是有限的，人不可能无所不知。这意味着面对现实的复杂性和不确定性，人们不可能在签约阶段考虑到所有的可能性以及相应的调整方案。由此得出这样一个结论，制度通过设定一系列规则能减少环境的不确定性，提高人们认识环境的能力。

二、实证与规范分析方法

实证方法研究经济问题时超脱价值判断，只研究经济本身的内在规律，并根据这些规律，分析和预测人们经济行为的效果。是指借助对经验事实的描述通过诉诸事实来解决人们经验事实中所遇到的问题。它注重人的现实功利要求，追求结果的时效性。它要回答"是什么"的问题。规范方法研究经济问题时以一定的价值判断为基础，提出某些标准作为分析处理经济问题的标准，并以此作为处理经济问题和制定经济政策的依据，探讨如何才能符合这些标准的分析和研究方法。它要回答"应该是什么"的问题。本书通过实证与规范分析方法证明农业开发对流域水资源利用的影响，同时运用逻辑演绎与经验总结等方法对水土资源的开发历史和现状进行描述，进而提出塔里木河流域水土资源的开发对策。

在运用实证分析法来研究经济问题时，就是要提出用于解释事实（即经济现象）的理论，并以此为根据作出预测。这也就是形成经济理论的过程。一个完整的理论包括定义、假设、假说和预测。理论的表述方式有：口述法（叙述法）、算术表示法（列表法）、几何等价法（图形法）、代数表达法（模型法）。实证分析工具有：

（1）均衡分析与非均衡分析。均衡分析又可以分为局部均衡分析与一般均衡分析。局部均衡分析考察在其他条件不变时单个市场的均衡的建立与变动，一般均衡分析考察各个市场之间均衡的建立与变动，它是在各个市场的相互关系中来考察一个市场的均衡问题的。

（2）静态分析与动态分析。静态分析和动态分析的基本区别在于，前者不考虑时间因素，后者考虑时间因素。换句话说，静态分析考察一定时期内各变量之间的相互关系，动态分析考察各种变量在不同时期的变动情况。

（3）静态均衡分析、比较静态均衡分析、动态均衡分析。把均衡分析与静态分析和动态分析结合在一起就产生了三种分析工具：静态均衡分析、比较静态均衡分析与动态均衡分析。

（4）定性与定量分析。定性分析是说明经济现象的性质及其内在规定性与规律性。定量分析是分析经济现象之间量的关系。

三、定量与定性分析方法

定量分析是依据统计数据，建立数学模型，并用数学模型计算出分析对象的各项指标及其数值的一种方法。定性分析则是主要凭借分析者的直觉、经验，分析对象过去和现在的延续状况及最新的信息资料，对分析对象的性质、特点、发展变化规律做出判断的一种方法。定性分析与定量分析应该是统一的、相互补充的；定性分析是定量分析的基本前提，没有定性的定量是一种盲目的、毫无价值的定量；定量分析使定性更加科学、准确，它可以促使定性分析得出广泛而深入的结论。

在利用定量分析方法对需水进行预测的方法中，目前国内外广泛采用的需水预测方法有：一是基于统计规律的需水预测方法；二是基于用水机理的需水预测方法；三是两者的结合，主要为用水定额预测方法；四是基于建立模型的模拟预测方法。其中基于用水定额的需水预测方法可按下列公式建立模型：

$$E = \sum_{j=1}^{m} \sum_{i=1}^{n} (A_i \cdot M_i)/R_j$$

E 为人类活动负影响需水量；i 为人类活动序号；A_i 为第 i 种人类活动需水基数（及活动量）；M_i 为第 i 种人类活动单位需水定额（即为农业开发中棉花每公顷需水量、人口增加单位需水量、工业 GDP 增加单位需水量等等人类活动单位需水）；R_j 为人类活动需水利用系数。同样，人类活动正影响节水量计算也是同样的方法。

$$F = \sum_{b=1}^{X} \sum_{a=1}^{Y} (G_a \cdot H_a)/q_b$$

F 为流域生态环境需水量；a 为生态需水序号；G_a 为第 a 种生态需水单位（或灌溉面积数等）；H_a 为生态需水单位基数（即为红柳、梭梭林等生态植被、盐碱地改良、退耕还林等生态行为单位灌溉定额）；q_b 为灌溉利用系数。

$$W = F + E + H - G - D$$

初步估算，在目前流域平均水资源基础上，流域需水量 W = 流域生态环境需水量 F + 人类活动负影响需水量 E + 流域水资源自然耗损 H - 流域自然水资源补充 G - 人类活动正影响需水量 D。

第三章 塔里木河流域经济社会与自然地理概况

第一节 塔里木河流域"四源一干"基本组成

一、流域"四源一干"组成与上中下游分布

塔里木河流域是环塔里木盆地的整个南疆地区,由发源于塔里木盆地周边的天山、帕米尔高原、喀喇昆仑山、昆仑山、阿尔金山的144条河流,包括阿克苏河、喀什噶尔河、叶尔羌河、和田河、开都河—孔雀河、迪那河、渭干河与库车河、克里雅河和车尔臣河九大水系144条河流的总称。塔里木河干流自身不产流,历史上塔里木河流域的九大水系均有水汇入塔里木河干流。由于人类活动与气候变化等影响,20世纪40年代以前,车尔臣河、克里雅河、迪那河相继与干流失去地表水联系,40年代以后,喀什噶尔河、开都河—孔雀河、渭干河也逐渐脱离干流。目前,与塔里木河干流有地表水联系的有和田河、叶尔羌河、阿克苏河和开都河—孔雀河四条源流。其中叶尔羌河在少数丰水年有少量洪水进入塔河干流,孔雀河通过扬水站从博斯腾湖抽水入塔河干流,形成"四源一干"的格局。

塔里木河干流河段可分为上、中、下游。叶尔羌河流域、和田河流域和阿克苏河流域三河汇合口(地名肖夹克)至英巴扎上游段长495km;上游的计量段面为阿拉尔水文站(距肖夹克48km),英巴扎至恰拉水库为中游段长398km;中游

的水量计量断面为英巴扎水文站，恰拉至台特马湖为下游长428km；进入下游的水量计量断面为恰拉，恰拉距下游大西海子水库的距离为108km。塔里木河流域水系分布区域见图3-1。

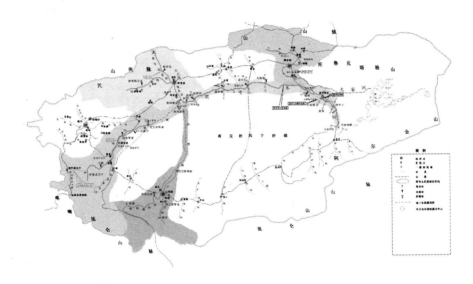

图3-1　新疆塔里木河流域"四源一干"分区示意

二、流域水资源基本情况

塔里木河流域年降水总量$1620 \times 10^8 m^3$，地表水资源量$434.7 \times 10^8 m^3$，地下水资源量$313.2 \times 10^8 m^3$，扣除地表水和地下水两者之间重复计算量$287.5 \times 10^8 m^3$，平均产水系数0.28，平均产水模数每平方公里$4.59 \times 10^4 m^3$。除塔河干流及荒漠区外，各水资源三级分区产水模数在每平方公里$2.42 \times 10^4 \sim 14.4 \times 10^4 m^3$，最大的是阿克苏河流域。其中，塔里木河流域"四源一干"降水总量为$777.7 \times 10^8 m^3$，地表水资源量为$252.3 \times 10^8 m^3$，地下水资源量为$184.9 \times 10^8 m^3$，扣除地表水资源量与地下水资源量之间重复计算量$174.0 \times 10^8 m^3$，2005年塔里木河流域"四源一干"水资源总量为$263.3 \times 10^8 m^3$。

塔里木河流域各水资源分区水资源总量见表3-1。塔里木河流域所属各地、州分区水资源总量见表3-2。塔里木河流域"四源一干"主要河流控制站年径流量见表3-3。

表 3-1　塔里木河流域各水资源分区水资源总量

水资源分区		计算面积（km²）	年降水量（×10⁸m³）	地表水资源量（×10⁸m³）	地下水资源量（×10⁸m³）	重复计算量（×10⁸m³）	水资源总量（×10⁸m³）	产水系数	产水模数（×10⁴m³/km²）
Ⅱ级	Ⅲ级								
塔里木河流域	阿克苏河	42800	119.3	56.85	60.76	56.13	61.47	0.52	14.4
	喀什噶尔河	72240	206.5	65.38	49.30	44.16	70.52	0.34	9.76
	叶尔羌河	76950	336.3	94.40	56.76	54.58	96.58	0.29	12.6
	和田河	49330	180.5	54.22	21.59	19.45	56.36	0.31	11.4
	开—孔河	49584	133.2	46.82	32.60	30.87	48.56	0.36	9.79
	渭干河	41540	119.5	34.67	27.69	24.71	37.64	0.32	9.06
	迪那河	12530	24.46	7.380	5.953	5.319	8.013	0.33	6.40
	皮山河区	13060	43.14	9.471	4.902	4.137	10.24	0.24	7.84
	克里雅河	44710	123.9	34.77	21.97	19.38	37.36	0.30	8.36
	车尔臣河	137600	199.6	30.66	18.47	15.86	33.27	0.17	2.42
	塔里木河干流	17580	8.371	—	13.21	12.92	0.2847	0.03	0.16
	塔克拉玛干沙漠	281630	53.84	—	—	—	—	—	—
	库木塔格沙漠	163011	71.16	0.0699	—	—	0.0699	0.001	0.004
合计		1002565	1620	434.7	313.2	287.5	460.4	0.28	4.59
"四源一干"小计		236244	777.7	252.3	184.9	174.0	263.3	0.34	11.1

资料来源：孟丽红. 新疆塔里木河流域水资源承载力评价研究 [D]. 中国科学院研究生院博士学位论文，2009，102.

表 3-2　塔里木河流域所属各地、州分区水资源总量

行政分区	计算面积（km²）	年降水量（×10⁸m³）	地表水资源量（×10⁸m³）	地下水资源量（×10⁸m³）	重复计算量（×10⁸m³）	水资源总量（×10⁸m³）	产水系数	产水模数（×10⁴m³/km²）
伊犁州	783	8.030	5.206	2.074	2.074	5.206	0.65	66.5
巴音郭楞州	396114	427.3	84.39	60.68	55.56	89.52	0.21	2.26
阿克苏地区	131076	205.2	73.73	87.29	79.51	81.52	0.40	6.22
克孜勒苏州	70064	256.1	81.62	42.51	41.21	82.92	0.32	11.8
喀什地区	111670	325.2	88.50	71.20	65.20	94.50	0.29	8.46
和田地区	211666	365.6	101.2	49.46	43.97	106.6	0.29	5.04
吐鲁番地区	36172	14.69	0.070	—	—	0.070	0.005	0.02
哈密地区	45020	17.66	—	—	—	—	—	—
合　计	1002565	1620	434.7	313.2	287.5	460.4	0.28	4.59

第三章 塔里木河流域经济社会与自然地理概况

表3-3 塔里木河流域"四源一干"主要河流控制站年径流量一览

单位：×10⁸ m³

年份	和田河流域			叶尔羌流域			阿克苏河流域			开—孔河流域					塔河干流			
	喀拉喀什河	玉龙喀什河	和田河	叶河	提孜那甫河	叶河	托什干河	库马拉克河	阿克苏河	开都河		孔雀河	黄水沟	清水河	塔里木河			
	乌鲁瓦提	同古孜洛克	肖塔	卡群	玉孜门勒克	黑尼牙孜	沙里桂兰克	协合拉	西大桥	大山口	焉耆	塔什店	黄水沟	克尔古提	阿拉尔	新渠满	英巴扎	恰拉
2000	21.87	22.13	6.91	69.37	9.90	0.00	31.82	52.83	63.75	50.43	37.33	25.49	6.387	2.459	35.14	26.25	21.41	1.34
2001	24.89	26.81	13.71	73.00	11.02	0.53	34.35	55.44	73.30	42.59	28.47	26.15	2.900	1.036	45.72	37.61	20.95	2.03
2002	18.97	24.42	8.58	61.02	9.35	0.00	37.58	64.03	87.74	57.10	45.23	26.53	5.969	3.004	55.01	57.38	29.59	5.04
2003	24.89	23.94	12.80	64.77	11.41	0.00	41.34	56.26	76.03	37.02	19.97	24.73	3.028	1.050	44.98	33.38	24.47	11.16
2004	17.80	18.02	2.30	57.77	10.41	0.00	33.92	52.44	66.28	34.92	18.14	20.09	2.791	1.043	29.48	20.37	10.15	3.12
2005	27.88	25.74	17.48	81.38	13.60	2.54	40.86	50.34	72.81	35.81	20.95	17.02	3.400	1.727	57.18	44.35	25.42	6.86
多年平均	21.63	22.28	10.83	65.62	8.45	1.45	28.10	48.84	63.00	34.86	25.42	13.14	2.934	1.236	45.90	37.51	28.40	6.36
5年平均	22.89	23.79	10.97	67.59	11.16	0.61	37.61	55.70	75.23	41.49	26.55	22.90	3.62	1.57	46.47	38.62	22.12	5.64

资料来源：新疆维吾尔自治区水利厅.塔里木河流域"四源一干"水资源合理配置报告 [R].2007.

塔里木河流域自国外流入的地表径流量为 $64.93 \times 10^8 \, m^3$，其中"四源一干"自国外流入的地表径流量为 $59.62 \times 10^8 \, m^3$。

塔里木河流域地下水资源量 $313.2 \times 10^8 m^3$，其中山丘区地下水资源量 $189.6 \times 10^8 m^3$，平原区地下水资源量 $215.8 \times 10^8 m^3$，平原区与山丘区之间地下水重复计算量 $92.15 \times 10^8 m^3$，地下水资源量与地表水资源量之间重复计算量 $287.5 \times 10^8 m^3$。地下水天然补给量为 $25.69 \times 10^8 m^3$。塔里木河流域各水资源分区地下水资源量统计见表 3-4。

表 3-4　塔里木河流域各水资源分区地下水资源量　　单位：$\times 10^8 m^3$

水资源分区		地下水资源量		平原区与山丘区间地下水重复计算量	分区地下水资源量	分区地下水资源量与地表水重复计算量	分区地下水资源量与地表水不重复计算量
II 级	III 级	平原区	山丘区				
塔里木河流域	阿克苏河	36.98	41.53	17.75	60.76	56.13	4.628
	喀什噶尔河	32.83	32.47	16.00	49.30	44.16	5.142
	叶尔羌河	37.95	34.35	15.54	56.76	54.58	2.175
	和田河	12.90	13.03	4.339	21.59	19.45	2.138
	开—孔河	16.36	22.45	6.202	32.60	30.87	1.735
	渭干河	22.37	16.21	10.90	27.69	24.71	2.978
	迪那河	3.439	3.750	1.237	5.953	5.319	0.633
	皮山河区	3.499	2.853	1.450	4.902	4.137	0.765
	克里雅河	14.46	12.48	4.966	21.97	19.38	2.595
	车尔臣河	13.08	10.48	5.080	18.47	15.86	2.617
	塔里木河干流	21.89		8.686	13.21	12.92	0.285
合 计		215.8	189.6	92.15	313.2	287.5	25.69
"四源一干"小计		126.1	111.4	52.52	184.9	174.0	10.96

资料来源：孟丽红. 新疆塔里木河流域水资源承载力评价研究 [D]. 中国科学院研究生院博士学位论文, 2009, 101.

第二节　塔里木河流域人口经济发展状况

一、流域所属行政区划

塔里木河流域是我国最大的内陆区，流域总面积 $100.25 \times 10^4 km^2$ （国内流域面积 $99.60 \times 10^4 km^2$），其中山地占 47%，平原区占 20%，沙漠面积占 33%[①]。流域在地域上包括塔里木盆地周边向心聚流的九大水系和塔里木河干流、塔克拉玛干沙漠及东部荒漠三大区，包括新疆南疆五个地州及哈密、吐鲁番地区的荒漠区，其中属于南疆五地州行政区的面积约有 $91.19 \times 10^4 km^2$ （占五地州总面积 $105 \times 10^4 km^2$ 的 86.8%），属于哈密市、吐鲁番地区行政区的面积约有 $8.45 \times 10^4 km^2$。流域"四源一干"地域广大，根据《全国水资源综合规划》，流域区划分为两个水资源二级区和六个三级区；塔里木河流域"四源一干"共地跨南疆五个地（州）的 42 个县（市）和兵团 4 个师的 55 个团场，见表 3-5。

二、流域人口发展状况

塔里木河流域人口是以维吾尔族为主体的多民族聚居区，由维吾尔族、汉族、回族、柯尔克孜族、蒙古族、塔吉克族、乌孜别克族等民族组成。2005 年，塔河"四源一干"总人口为 526.81×10^4 人，其中城镇人口 184.59×10^4 人，城镇化率为 33.76%。2005 年，南疆地区总人口数为 943.12×10^4 人，其中城镇人口 415.13×10^4 人，塔河"四源一干"总人口和城镇人口分别占南疆地区的 55.86% 和 44.46%。

三、流域经济社会发展状况

塔里木河流域土地、光热和石油天然气资源十分丰富，是新疆重要的棉花生

[①]　根据全国水资源综合规划 1:25 万电子地形图量算。

表3-5 塔里木河流域"四源一干"行政区划统计

水资源分区			行政分区		
水系		河流	地方行政区单位	兵团	其他
四源流	和田河流域	喀拉喀什河、玉龙喀什河、和田河流域	和田地区	和田市、和田县、墨玉县、洛浦县	十四师	47团，皮墨垦区	
	叶尔羌河流域	叶尔羌河流域、提孜那甫河、乌鲁克河、柯克亚河	喀什地区	塔什库尔干塔吉克自治县、叶城县、莎车县、泽普县、麦盖提县、巴楚县、岳普湖县（两个乡）	三师	43~46团、48~53团、莎车农场、叶城牧场	克拉克勒农场、牌楼农场
	阿克苏河流域	托什干河	阿克苏地区	乌什县	一师	4团，三师托云牧场	
			克孜勒苏柯尔克孜自治州	阿合奇县			
		库玛拉克河	阿克苏地区	阿克苏市、温宿县（部分）		6团	
		阿克苏河流域		阿克苏市、阿瓦提县		1~3团、7~8团	
	开—孔河流域	开都河	开都河、黄水沟、清水河	巴音郭楞蒙古自治州	和静县、和硕县、博湖县、焉耆回族自治县	二师	21~27团、223团	
		孔雀河	孔雀河		库尔勒市、尉犁县（部分）		28~30团	
干流	塔里木河	上游	塔里木河上游	阿克苏地区	沙雅县（部分）、库车县（部分）	一师	9~16团	塔南劳改支队
		中游	塔里木河中游	巴音郭楞蒙古自治州	尉犁县（部分）	二师		
		下游	老塔里木河、其文阔尔河				31~35团	

说明：和田河流域不含皮山县诸小河，阿克苏河流域不含台兰河等，开孔河流域不包括迪那河。

产基地、石油化工基地。塔里木河流域远离铁路干线，交通主要以公路、铁路为主，运输线漫长，能源、邮电等基础设施相对落后，经济、科技、文化、教育事业很不发达。目前以农牧业经济为主，工业经济体系还很薄弱，但近几年，塔里木盆地石油勘探和石油化工有了较大的发展。塔里木河"四源一干"国内生产总值（GDP）为 530.64×10^8 元，人均 GDP 占有量为 10072 元/人，全疆平均人均 GDP 占有量为 13108 元/人，塔里木河"四源一干"人均 GDP 占有量为新疆平均水平的 76.84%。全流域还有近 50 万人没有脱贫，是全国最贫困的地区之一。从总体上看，开都河—孔雀河流域经济发展水平相对较高，阿克苏河流域次之，叶尔羌河流域位于第三，和田河流域和干流则处于落后的水平。

根据遥感数据计算，塔河"四源一干"耕地面积为 $115.9 \times 10^4 \mathrm{hm}^2$，现状水平年塔河"四源一干"人均耕地 $0.23\mathrm{hm}^2$，高于全疆人均占有平均水平；总灌溉面积（含林草）为 $186.3 \times 10^4 \mathrm{hm}^2$，其中林果和草场灌溉面积为 $70.4 \times 10^4 \mathrm{hm}^2$，占总灌溉面积的 37.78%。另根据统计年鉴数据计算，塔河"四源一干"耕地面积为 $90.1 \times 10^4 \mathrm{hm}^2$（包括沙雅县和库车县），其中兵团耕地面积 $23.48 \times 10^4 \mathrm{hm}^2$。《新疆统计年鉴》统计的塔河"四源一干"当年新增耕地面积 $3.9 \times 10^4 \mathrm{hm}^2$（新开荒面积 $1.28 \times 10^4 \mathrm{hm}^2$）。

第三节 塔里木河流域自然气候状况

一、流域地理与自然概况

塔里木河流域地理坐标为东经 71°39′~93°45′、北纬 34°20′~43°39′，北倚天山，西临帕米尔高原，南靠昆仑山、阿尔金山，三面高山耸立，地势西高东低。山区以下分为山麓砾漠带、冲洪积平原绿洲带、塔克拉玛干沙漠区。来自昆仑山、天山的河流搬运大量泥沙，堆积在山麓和平原区，形成广阔的冲、洪积平原及三角洲平原，以塔里木河干流最大。根据其成因、物质组成，山区以下分为如下地貌带：

山地：山地多为大中起伏的中高山、极高山。高山、极高山区冰川及冰缘地貌发育，中山带沟谷深切、水文网发育，以流水地貌为主，低山丘陵区则为干燥剥蚀地貌。天山山地一般海拔3500m左右，地势西高东低，西部的托木尔峰海拔达7435m，东部最高峰海拔只有4299m，其南坡雪线高度在3500~4000m，中西段高山带现代冰川发育，水源较丰富。中高山南侧为海拔1300~2500m的低山丘陵。昆仑山及帕米尔高原山势雄伟，海拔一般在5000m以上，有多座7000m以上的山峰，构成塔里木盆地南边的屏障。雪线高度在4700~6000m，高山区现代冰川发育，水源较丰富。中高山以北为低山丘陵，海拔1500~2600m。阿尔金山为塔里木与柴达木盆地的界山，呈NEE~SWW向延伸，海拔多在3500~4000m，超过6000m的山峰很少。雪线高度5000~5700m，现代冰川仅零星分布在几个主要的高峰处，水源贫乏，是亚洲中部干旱区的核心。

山麓砾漠带：为河流出山口形成的冲洪积扇，主要为卵砾质沉积物，在昆仑山北麓分布高度2000~1000m，宽30~40km；天山南麓高度1300~1000m，宽10~15km。地下水位较深，地面干燥，植被稀疏。

冲洪积平原绿洲带：位于山麓砾漠带与沙漠之间，由冲洪积扇下部及扇缘溢出带、河流中、下游及三角洲组成。因受水源的制约，绿洲呈不连续分布。昆仑山北麓分布在1500~2000m，宽5~120km不等；天山南麓分布在1200~920m，宽度较大；坡降平缓，水源充足，引水便利，是流域的农牧业分布区。盆地宽广低平，地形具有向心性特点的同时，由西南向东北缓倾斜，西南缘昆仑山前砾质平原海拔在1400~1600m，北缘天山南麓砾质平原为1000~1200m，塔里木河冲积平原为900~1000m，东部的罗布泊最低处为780m。因此盆地内在南北向上以塔里木河冲积平原最低，东西向上以罗布泊洼地最低。

盆地由山前向下游依次为砾质平原、细土平原、沙漠或湖泊，呈环状分布。位于中部的塔克拉玛干沙漠一般泛指昆仑山山前细土平原以北至塔里木河冲积平原、西部叶尔羌河流域冲积平原至东边的车而臣河河谷冲积平原之间的沙漠。塔里木河的冲积平原，沿沙漠公路一线宽度约50km，其南界大体在沙漠公路70km里程碑处的肖塘（北纬40°50′）附近。这一界线以南的古塔里木河冲积平原区，除存在大面积枯萎的胡杨林带外，地表已完全成为沙漠景观。在广大的沙漠区内，除和田河流域以西东西向延伸的乔格塔格山、麻扎塔格山和民丰北凸起有狭窄的基岩低山以及和田河流域、克里雅河等下游河谷平原外,基本上全部为流动沙丘所覆盖。沙丘形态多样,高度各地也不尽相同,属半固定沙山性质。

塔克拉玛干沙漠区:以流动沙丘为主,沙丘高大,形态复杂,主要有沙垄、新月形沙丘链、金字塔沙山等。塔克拉玛干沙漠东西长 1073km、南北宽 410km,沙漠面积约 $33.7 \times 10^4 km^2$。

二、流域气候特征

塔里木河流域地处欧亚大陆腹地,四周高山环绕,属大陆性暖温带、极端干旱沙漠性气候。降水稀少、蒸发强烈,四季气候悬殊,温差大,多风沙、浮尘天气,日照时间长,光热资源丰富。气温年较差和日较差都很大,年平均日较差 14~16℃,年最大日较差在 25℃ 以上。年平均气温除高寒山区外多在 3.3~12℃。夏热冬寒是大陆性气候的显著特征,夏季 7 月平均气温为 20~30℃,冬季 1 月平均气温为 -10~-20℃。

冲洪积平原及塔里木盆地 ≥10℃ 积温,多在 4000℃ 以上,持续 180~200d,在山区,≥10℃ 积温少于 2000℃;一般纬度北移一度,≥10℃ 积温约减少 100℃,持续天数缩短 4d。按热量划分,塔里木河流域属于干旱暖温带,年日照时数在 2550~3500h,平均年太阳总辐射量为 1740kW·h/m²·a,无霜期 190~220d。

在远离海洋和高山环绕的综合影响下,全流域降水稀少,降水量地区分布差异很大。广大平原一般无降水径流发生,盆地中部存在大面积荒漠无流区。降水量的地区分布,总的趋势是北部多于南部,西部多于东部;山地多于平原;山地一般为 200~500mm,盆地边缘 50~80mm,东南缘 20~30mm,盆地中心 10mm 左右。全流域多年平均年降水量为 116.8mm,受水汽条件和地理位置的影响,"四源一干"多年平均年降水量为 236.7mm,是降水量较多的区域。而蒸发能力很强,一般山区为 800~1200mm,平原盆地 1600~2200mm。干旱指数的分布具有明显的地带性规律,一般高寒山区小,在 2~5;戈壁平原大,达 20 以上;绿洲平原次之,在 5~20。自北向南、自西向东有增大的趋势。干流地区多风沙、浮尘天气,以下游地区最为严重,起沙风(≥5m/s)年均出现次数 202d,最大风速 40m/s，主导风向为北东到东北东。

沙漠外围平原区多年平均气温 10~12℃。降水北部多于南部，西部多于东部。而蒸发强度则大致与降水规律相反，仅局部受绿洲小气候的影响，略有不同。盆地西北部山前平原多年平均降水量为 50~70mm，而东、南部山前平原为 16~32mm。降水多集中在 6~8 月，约占全年降水量的 50%~60%。年蒸发量一般 1000~2000mm，为降水量的 10~40 倍。

塔克拉玛干沙漠区年平均气温 11~12℃。沙漠北部的满西 1988 年降水量达 84.9mm，沙漠中部的塔中年降水量也达 30.1mm（1989.4.1~1990.3.31）。上述实测降水量比过去人们 10mm 的推断要高得多，可以认为沙漠内降水量并不低于其周边的平原区，且超过东部平原区。降水主要集中在夏天，仅七八月降水量就占全年的 61%。在沙漠的局部地区，暴雨入渗是存在的，潜水埋藏很浅的洼地中，能入渗到潜水面而补给地下水。沙漠内蒸发量大，塔中地区年蒸发能力高达 3700mm。

第四节　塔里木河流域绿洲与绿洲农业

"绿洲"（Oasis）又称作"沃洲"、"沃野"、"水草田"，源自希腊语，古希腊人用它作为利比亚沙漠中特别肥沃地方的代名词，指荒漠中能"住"和能"喝"的地方。《辞海》定义：孤立的小块肥沃地（如在沙漠中），具有水源、树木或其他植被，通常周围是一片干旱或荒芜地。绿洲农业（Oasis Agriculture）是人类在荒漠、半荒漠地区的自然绿洲或非绿洲土地基础上，进行灌溉，从事农业生产活动的生态——经济系统。绿洲农业所在绿洲是一种人工绿洲或驯化绿洲。绿洲农业包括以种植业为基础的绿洲种植业、养殖业等大农业生产。

一、绿洲及绿洲农业的特点

1. 绿洲的特点

绿洲作为干旱区人类文明的载体，伴随着干旱区人类社会的进步与发展，其结构和功能也经历了由简单到复杂、由封闭到开放、由低级到高级的演进，从而形成极其复杂的现代绿洲系统。绿洲是特定地域上自然、人文、经济诸要素相互制约、相互联系组合成的复合体，不但具有一般区域所拥有的综合性、区域性、层次性与随机性等特征，而且具有自己的特色。

绿洲是沙漠地区人类通过灌溉建立起来的适合人类生存和从事农牧业活动的水草田，是荒漠地区人类赖以生存的基地。荒漠地区的人类活动，绝大部分是集中在绿洲内进行，没有绿洲就没有荒漠地区的人类生存及活动，也就没有社会的发展和经济的繁荣。按绿洲形成的历史可划分为：

（1）古绿洲，即形成最早，以后由于各种原因放弃，大部分已沦为沙漠、戈壁、风蚀地和盐碱滩，但有遗址存在，多分布在河流下游尾端。

（2）旧绿洲，形成时间较早，到20世纪90年代还存在并一直延续至今，习惯上也称为"旧灌区"，多分布在河流出山后形成的冲积扇及冲积平原上段。

（3）新绿洲，是新中国成立后兴修水利开荒造田扩大耕地面积发展起来的绿洲，习惯上也称"新灌区"，多分布在旧绿洲外围和边缘，位于冲积扇外缘及冲积平原中下段。

按绿洲所处地貌类型可划分为：

（1）河谷绿洲，处山间谷地，水土条件俱优，基本农田主要分布在河流阶地上。

（2）冲积扇绿洲，处河流出山后形成的冲积扇上，由于河流水量多少不同，其所形成的绿洲大小也不一样，由于引水较方便，水源稳定，多是旧绿洲的主体部分。

（3）冲积平原绿洲，受河流侧渗影响，沿河两岸多形成一定宽度的地下水淡化带，绿洲农田多分布于此。其上段多是旧绿洲，中、下段多为新绿洲。

（4）河流尾端绿洲，位于中、小河流及较大河流的尾端，地貌类型为散流干三角洲。古代引水开垦条件较好，有很多古绿洲分布。现也有旧绿洲，但引水灌溉条件差，受风沙威胁大或盐渍化重。

2. 绿洲农业的特点

（1）灌溉农业是绿洲农业的典型特点。由于处于内陆荒漠地区（干旱指数＞6~7），稀少的天然降水不能满足农作物生育的正常需求，因此绿洲农业是依赖山地冰雪融化地表水和地下水的灌溉农业，具有发展农林牧的优越条件和巨大潜力。绿洲农业区土地平坦而肥沃，有利于大面积机械化作业，作物一般产量较高。但是在发展灌溉农业的同时，必须重视保护和涵养水源及完善水利工程建设。

（2）特殊气候资源的耦合，造就了绿洲特色农业。光照资源在暖季特别丰富，夏季光照时间长，强度大，而且少低云日、少阴雨日及地面开阔，所以光能利用率高，对作物生长、瓜果着色有良好的作用。另外，暖季的热量资源丰富，温度较高，附带沙漠戈壁的增温效应的作用，与我国同纬度地区的热量相比较为丰富，日夜温差大，有利于棉花、瓜果等特色农产品形成及发展多熟种植。

（3）绿洲农业自净功能较弱。干旱区绿洲多依托内陆河流域，有毒、有害的物质只能排泄在盆地内，造成环境的自净能力很低。绿洲城镇、绿洲工业的"三废"处理工作落后，城市生活污水、工程废水常常直接用于农业灌溉，或排入水库仍被下游用于灌溉，这样容易对水体及农田造成危害。

（4）人工绿洲是农业的主体景观。绿洲是一个由人工生态系统替代自然生态系统的典范，通过大力发展人工植被，生物产量得以提高，所以人工栽培作物及驯化动物是绿洲农业生态系统的主体景观。

（5）人工调控是绿洲农业演替的主动力。绿洲化和荒漠化是干旱区根本对立的演替过程，人的活动则决定着变化发展，深刻影响着绿洲演化方向。绿洲农业与天然绿洲或荒漠系统相比，最大特点是人为的介入，人类在不同阶段选择了适应这种脆弱生态环境的技术，克服了种种障碍因素，提高了生产力，强化了自然资源的开发利用，表现出很高的生产力。

绿洲的生产力发展目标就是控制荒漠化，解决绿洲内部的资源、环境、人口与经济发展，使绿洲体系从简单到复杂、从低级到高级协调发展、从无序运行到有序运行的良性演替转变，促进农业持续发展。

二、塔里木河流域绿洲农业发展

1. 阿克苏绿洲

阿克苏绿洲依靠阿克苏河水灌溉，水资源较充沛，新垦绿洲共有四片。其中沙井子垦区最大，开发最早。20世纪50年代初，由解放军转业官兵开垦，经过30多年的艰苦创业，在此建成了兵团一、二、三等团场，有耕地$2.11 \times 10^4 hm^2$。这里光热资源丰富，无霜期长，适合发展喜光热的水稻和棉花。灌区有胜利渠引阿克苏水，能基本满足用水。但开垦的土地盐分含量高，特别是一团和二团，1m土层含盐量高达4%~5%，垦前低下水位6~9m，垦后很快上升到1~1.5m，盐渍化迅速发展，造成"盐赶人走"的局面。广大军垦战士采取挖排、平地、种稻、养地等综合治理措施，使盐渍土得到改良。三团位于喀什噶尔河平原，自然排水条件较好，是主要棉区，沿河两岸的胡杨林多被保留下来，变成了自然防护林。四团位于乌什县，气候湿润，有耕地面积$0.45 \times 10^4 hm^2$，以种植小麦、玉米、葵花、打瓜为主。五团位于喀拉玉尔滚河冲积扇中下部，耕地面积$0.55 \times 10^4 hm^2$，以种植棉花、粮食及瓜果为主，是阿克苏垦区重点瓜果产区。六团位于台兰河扇形地下部，土壤积盐重，土质黏重，有耕地$0.24 \times 10^4 hm^2$，主要种植棉花、水稻。

2. 库尔勒绿洲

库尔勒绿洲位于库尔勒市西部。利用十八团干渠引孔雀河灌溉，有农二师所属二十八、二十九、三十团场，耕地面积约$2 \times 10^4 hm^2$，以种植水稻、棉花为主，所产库尔勒香梨，畅销全疆和国内外。这里开垦的土地原来大多是重盐碱地，1m土层盐分含量大都在2%~5%，经过多年的盐碱改良，现都下降到0.5%以下。但由于垦区地下水位和矿化度都较高，还不能完全实行旱作。这里有全国著名的农垦先进团场农二师二十九团，他们通过挖排治碱，平整土地，种稻改良，水旱轮作，广种苜蓿绿肥，改良了土壤，获得了稳产高产。同时，又不断完善各种形式的经营承包责任制，增加对农业的投入，大力推进专业化生产和实行集约化经营，积极推广使用先进的科学技术，农业生产连年增加。

3. 卡拉—大西海子绿洲

卡拉—大西海子绿洲位于塔里木河下游，属农二师三十一、三十二、三十三、三十四、三十五5个团场。引塔里木河水灌溉，修建有卡拉和大西海子两水库，总库容$3.4 \times 10^8 m^3$。由于塔里木河下游输水减少，灌溉水源不足，原开荒$2.67 \times 10^4 hm^2$，现保有耕地只有$1.5 \times 10^4 hm^2$。1970年以后，塔里木河向下游水量又进一步减少，不得不修建库塔干渠引孔雀河水$3.5 \times 10^8 m^3$，接济卡拉灌区。

垦区原生产水平较低，由于进行了作物结构调整，实行小麦、水稻、棉花轮作倒茬，在粮食自给的情况下大力发展棉花，现已成为农二师主要产棉基地。

4. 塔里木河流域其他绿洲

巴楚小海子绿洲位于叶尔羌河冲积平原中下游，有农三师四十四、四十九、五十、五十一、五十二、五十三团场，修建有小海子、永安坝等水库，年蓄叶尔羌河水灌溉，耕地面积 $3.26 \times 10^4 hm^2$，以生产粮棉为主，为农三师主要粮棉基地。

麦盖提绿洲位于叶尔羌河中游平原，引叶尔羌水灌溉，修建有前进水库进行调节，耕地面积约 $1 \times 10^4 hm^2$。近年来，由于积极推广绿肥轮作、地膜植棉新技术，生产经济效益提高很快。这里由于光热资源充足，灌溉水源有保证，棉花产量很高，长绒棉单产 $1470 kg/hm^2$，是全国单产最高地区。

目前，塔里木河流域"四源一干"平原绿洲区总面积 $6.59 \times 10^4 km^2$（合 $658.52 \times 10^4 hm^2$）。其中人工绿洲面积 $1.68 \times 10^4 km^2$，天然林、草地、沼泽地、滩涂河流、湖泊水面天然绿洲面积 $4.90 \times 10^4 km^2$，占74.47%，见表3-6。

表3-6　塔里木河流域"四源一干"现状年平均绿洲区面积

分项	和田河/ $\times 10^4 hm^2$	叶尔羌河/ $\times 10^4 hm^2$	阿克苏河/ $\times 10^4 hm^2$	开—孔河/ $\times 10^4 hm^2$	干流/ $\times 10^4 hm^2$	合计 / $\times 10^4 hm^2$	合计 /km²
灌溉水田	0.24	0.03	4.35	0.34	0.02	4.98	497.87
水浇地	13.18	37.92	31.38	16.11	8.34	106.93	10692.53
耕地面积	13.42	37.94	35.73	16.45	8.36	111.90	11190.40
灌溉草场	0.11	0.53	0.52	0.74	0	1.90	189.80
灌溉林地	6.79	12.28	9.99	6.07	3.33	38.47	3846.67
天然林地	9.35	56.67	2.70	4.71	25.09	98.52	9852.27
天然草地	6.80	57.15	36.82	21.39	20.76	142.92	14291.53
荒草地	25.67	42.56	23.97	20.47	60.69	173.37	17337.07
苇地	0.57	6.47	1.95	4.46	5.56	19.00	1900.33
河流水面	9.08	4.67	4.67	1.18	4.52	24.63	2462.53
坑塘水面	0.04	0.19	0.07	0.02	1.13	1.44	144.07
湖泊水面	0.05	0.12	0.41	11.07	0.16	11.81	1180.73

续表

分项	和田河/ ×10⁴hm²	叶尔羌河/ ×10⁴hm²	阿克苏河/ ×10⁴hm²	开—孔河/ ×10⁴hm²	干流/ ×10⁴hm²	合计 / ×10⁴hm²	/km²
水库水面	0.36	4.11	2.41	0.21	2.13	9.22	922.20
沼泽地	0.30	1.95	1.69	1.16	7.86	12.97	1296.93
滩涂	0.81	0.77	1.76	1.64	2.19	7.16	716.00
城市	0.15	0	0.31	0.43	—	0.90	89.60
建制镇	0.07	0.35	0.13	0.35	—	0.90	89.60
农村居民	0.18	0.46	0.72	0.44	0.06	1.85	185.33
独立工矿地	0	0.09	0.01	0.12	—	0.21	21.13
民用机场	0.01	0	0.03	0.02	—	0.06	5.60
其他用地	0.01	0.02	0.32	0.71	0.24	0.30	130.40
合计 ×10⁴hm²	73.76	226.34	124.70	91.64	142.09	658.52	—
合计 km²	7376.35	22633.53	12469.67	9163.67	14209.00	—	65852.19

注：表中耕地面积、灌溉草场和林地根据调查和当地上报数据其他面积为2004年8月航拍资料（精度1：10×10⁴），表中耕地面积为灌溉水田和水浇地面积之和。灌溉草场为补充灌溉草场，除天然绿洲面积外其他各项合计为人工绿洲面积。

三、塔里木河流域绿洲与绿洲农业的演替

塔里木河流域绿洲农业的演替与塔里木河流域绿洲的演化息息相关。人为活动决定着绿洲的变化发展，深刻影响着演化方向，人为的活动又主要是通过对水分的调整。所以，绿洲农业的发展在遵循自然规律、社会经济规律时，将朝着优质、高产、高效、持续农业的方向发展；反之，农业将萎缩、崩溃，朝沙漠化、盐漠化方向逆行发展。

1. 绿洲的演替

绿洲在自然因素和人文因素的相互作用下，在不断地发生演变，在变化发展的过程中，不断地产生新的特性，产生新的组合。绿洲生态系统的演替可归结为绿洲的形成及空间演变，主要以溯源迁移为主。绿洲演化的动因或促其演变的原

因，归纳起来大致有自然因素与人为因素两个方面。自然因素包括风沙活动、盐碱化、河流改道等。而人为因素主要包括不合理的资源利用、人口增加以及生产、生活活动。绿洲空间演化的一般规律可表示为：山间谷地（盆地）→冲积扇缘、河流下游（三角洲）→河流上游冲积平原→向河流两旁、四周扩大。绿洲的演替历程为：人工绿洲系统替代天然绿洲（绿洲改造的过程）→人工绿洲替代荒漠、戈壁（开荒变绿洲的过程）→荒漠化替代绿洲化（绿洲生态恶化的过程）。

（1）人工绿洲替代天然绿洲。天然绿洲表现为天然、原始的植被，未经过人为开发，一般称它们为"自然绿洲"。荒漠变绿洲是人类利用、改造自然的积极成果。人工绿洲替代天然绿洲主要有两种情况：一是自然绿洲被开垦为人工绿洲。二是自然林破坏，人工林增加，人工绿洲化扩大。

（2）人工绿洲替代荒漠、戈壁。一方面戈壁及沙漠地带被开垦为人工绿洲。在大规模的水、土资源开发中，利用沙漠边缘的平沙地、草灌丛沙堆、沙丘间洼地发展耕地。另一方面，山前倾斜平原荒漠草原被开垦为人工绿洲。在山前谷地较平缓的地段进行大面积开垦后变为农田，但开垦的结果使大面积的春秋草场遭到破坏，生态受到较大损害。在绿洲与荒漠过渡带的荒漠草原建立绿洲生态系统也是荒漠演变为绿洲的一种模式。

（3）荒漠化替代绿洲化。绿洲的环境恶化结果就是荒漠化替代绿洲化。绿洲的荒漠化类型通常为干旱化、风沙化、盐渍化、沼泽化、贫瘠化、污染化6种类型。绿洲化和荒漠化的转化动力是水资源的分配与生态环境的协调关系。由于生态的破坏，农业的过度开发，使部分绿洲逐渐演变成不可再生耕地或荒漠。

2. 绿洲农业的演替

（1）绿洲农业的地理位置演变。绿洲农业的早期，人口少，工具简陋，农业生产只能在河流下游的沿河低阶地或泉水溢出带等引水简便的天然绿洲上进行，逐渐发展成古绿洲或旧绿洲农业。以后随着人口增长，科学技术、生产水平提高，农业生产逐渐向中游、上游发展，在冲积洪积扇的中、上部及高阶台地开垦荒漠建设绿洲，经济、文化中心也溯河上移，出现旧绿洲、新绿洲以及新的城镇绿洲，称之为绿洲农业的沿河溯源发展演变，绿洲农业也随之发展进步。20世纪中叶以后，现代技术逐渐应用于农田水利建设，利用冲积洪积扇缘及冲积平原中的低洼地修建平原水库，修建山区水库及大量的水利设施，对河水进行调节、控制，在较多的地方尤其是在荒漠上发展了许多新绿洲，将绿洲农业推向新高潮。

（2）绿洲农业的开垦发展过程。根据韩德林先生1995年研究新疆绿洲经济的演化轨迹大致是：狩猎（包括渔猎）→以游牧为主→畜牧业与农业结合或各有侧重、园艺兴起→农牧业与手工业、商业的发展→大农业发展→工业兴起→门类齐全的现代绿洲经济。现阶段绿洲经济的主要特点是：干旱区域特色依然显著，以农业经济为主体，生产规模较小，已由封闭、半封闭型向开放型、外向型转变。当前绿洲内部环境得到改善，农业正朝着优质、高产、高效、持续方向发展。但绿洲某些地区的外部环境仍在继续恶化，抵消着内部环境改善的效益，影响绿洲及其农业的可持续发展。

绿洲农业的开垦发展过程，首先是建设灌溉、排水系统，清除天然植被、平整地面，然后再翻耕、压盐、种植农作物，使荒地系统发生根本性变化：一是天然植被演变为人工植被。开垦前无论是荒漠条件下的旱生植被或沼泽、草甸条件下的水生、湿生天然植被，都因耕种、土壤水分条件的变化而被淘汰（有时也保留了某些个体），演变为栽培作物、农田杂草—中生型植物（有些地方栽培水稻时杂草也成为水生、湿生植物）及林木。二是自然土壤演变为农业土壤。经过农业耕作压盐、洗盐，土壤含盐量下降；经过农业灌溉，土壤有机质变化，逐渐向耕作土壤转变；干旱土、漠土或其他地下水位较深的土壤被开垦后，向种植"旱作物"的土壤演变。三是小气候环境变化很大。干燥、白昼高温、风沙多而强劲的荒漠气候，演变成湿度增加、昼夜温差缩小的农田小气候，尤其是在农田防护林网作用下，变得进一步适合农业生产及人们居住。

第四章　塔里木河流域水土资源开发历史变迁

第一节　塔里木河流域农业开发的历史和成就

塔里木河流域水土资源开发以农业开发为主要特征。塔里木河流域虽气候干旱，但由于高山环绕盆地，有现代冰川和降水补给河流，流向山麓平原，为引水灌溉创造了条件，沿岸水草丰茂，为人类在这里生存和发展创造了条件。根据考古资料，距今6000～7000年前新疆地区就有人类活动。大约距今3000年前，流域有相当一部分是以农业为主，以畜牧业为辅的经济，以农业为主的遗址在塔里木盆地周边及塔克拉玛干沙漠腹地均有发现。按照有文字记载的历史时期，塔里木河流域的土地开发可以划分为古代和近代。

一、历史时期塔里木河流域农业开发变迁

从秦汉开始直到清朝，历时2000多年，塔里木河流域除当地土著民族已有农业活动外，屯垦是主要的土地开发方式。这期间根据屯垦的兴衰变化和规模大小的不同，可进一步划分为两汉、魏晋南北朝、隋唐、宋元明及清朝几个时期。

1. 两汉时期

按《前汉书·西域传》记载，"西域诸国，大率土著，有城郭田畜，与匈奴、乌孙异俗"；又记载"且末以往，皆种五谷，土地、草木、畜产、作兵，略与汉同"。看来，在秦汉之际，塔里木河流域由土著民族开发，已形成规模大小

不等的绿洲，从事以农业为主的生产活动。到汉武帝时，为了维护内地和西域各地的商业贸易，联合西域各族人民，共同打击匈奴奴隶主贵族，前后进行了40年的战争，为解决军队的粮食供给，于公元前101年（汉武帝太初四年），西汉政府开始在轮台屯田。《史记·大宛列传》记载："仑头（轮台）有田率数百人，因置使者护田积粟，以给使外国者。"从此，揭开了以屯田方式进行农业土地开垦的序幕。

公元前89年，桑弘羊借鉴河西四郡因大规模屯田巩固了统一的经验，向汉武帝上疏要求扩大在轮台屯田，称"轮台以东，捷枝、渠犁皆故国，地广，饶水草，有溉田五千顷以上，处温和、田关，可益通沟渠，种五谷，与中国同时熟。愚臣以为可遣屯田卒，益垦溉田"。这个建议在当时虽未实现，但于汉昭帝元凤四年（公元前77年）被采纳，扩大了在轮台（今轮台一带）和渠犁（今库尔勒西南）等地屯田事务。不久，虽被迫中断，暂时挡住了屯田向西发展，但到了汉宣帝时，由于西域都护府的建立（公元前60年），轮台屯田区获得了更大的发展，东面与渠犁、焉耆屯田连成一片，西南扩大到龟兹东南，形成汉朝在西域最大的屯垦基地，屯田士卒3000人，屯田面积达4000hm²，成为西汉在西域著名的粮仓之一。以后汉朝还将屯田的范围逐步扩大到伊循（今米兰）、楼兰（今罗布泊西北岸）、交河（今吐鲁番）、北胥鞬（今莎车东北）、赤谷（今伊塞克湖东南）、焉耆、姑墨（今阿克苏）等地。西汉屯田历时113年，对塔里木河流域土地开垦起到了开创作用。

东汉时，塔里木河流域的农业生产和土地开垦已有较高水平。《后汉书·班超传》记载："臣见莎车、疏勒田地肥广，草木饶衍，不比敦煌、鄯善间也。"东汉在塔里木河流域屯垦的规模虽不及西汉，但把开发范围向北、向东扩大到伊吾（今哈密）、柳中（今鄯善县鲁克沁）、金满城（今吉木萨尔县北护堡子）、高昌（今吐鲁番县阿斯塔那）；向南扩大到疏勒（今喀什）、于阗（今和田）、精绝（古尼雅，今民丰北150km）等地。

2. 魏、晋、南北朝时期

位于塔里木河下游的楼兰，也是重要的屯田地区。西晋时，统管西域的长史就住在这里一个叫海头的地方，在楼兰发现的很多魏晋简文，不仅记载了屯田作物，还记载了水利灌溉。魏晋南北朝时，塔里木河流域屯田种植的作物，除原有的粟、稷、小麦、大麦外，还开始种植水稻。《北史·西域传》记载，疏勒国"土多稻、粟、麻、麦"。棉花也开始大量栽培，《梁书·高昌国传》记载，"多草木，草实如茧，茧中丝如细缕，名曰白叠子。国人多取织以布，布甚软白，交市用焉"。这里所说的白叠子就是现在的棉花。

3. 隋唐时期

公元 6 世纪末至 7 世纪初，隋朝也在塔里木河流域大兴屯田。《隋书·食货志》记载：隋炀帝大业五年（公元 609 年），"于西域之地，置西海、鄯善、且末等郡。谪天下罪人，配为戍卒，大开屯田"。除西海郡外，鄯善（今罗布泊一带）、且末都在塔里木河流域。唐代是中国历史上封建王朝最强盛的时期，在新疆建立了安西与北庭两大都护府，为了巩固其统治，屯兵御敌，大兴屯田，对塔里木河流域的土地开发起了巨大的推进作用。唐朝在塔里木河流域屯田特点：一是范围广，塔里木河流域以龟兹（今库车）为中心，有西州（今吐鲁番地区）、焉耆、乌垒（今轮台县境内）、疏勒（今喀什）及于阗（今和田），共六大垦区。二是规模大。《旧唐书·地理志》记载："安西都护府治所，在龟兹城内，管戍兵二万四千人、马二千七百匹。"又说："北庭节度使管镇兵二万人，马五千匹。"同书《吐番传》中又记载："贞观中……发调山东（指华山以东）丁男与戍卒，绘帛为军资，有屯田以资糗粮，牧使以娩羊马。大军万人，小军千人，烽戍逻卒，万里相继，以却于强敌。"唐在新疆屯田历时 161 年（公元 630 ~ 791），超过以往任何朝代。

唐朝的屯垦，促进了农业的发展。《大唐西域记》记载，阿耆尼国（今焉耆）："国大都城周六七里……众流交带，引水为田，土宜麋、黍、宿麦、香枣、葡萄、梨、奈诸果。"屈支国（今库车）："国大都城周十七八里，宜麋、麦、有粳稻、出葡萄、石榴、多梨、奈、桃、杏。"乌锻国（今英吉沙）："稼穑殷盛，树木郁茂，华果具繁。"斫句迦国（今莎车）："颇以耕植，葡萄、梨、奈其果实繁。"怯沙国（今喀什）："稼穑殷盛，华果繁茂。"翟萨旦那国（今和田）："宜谷稼，多众果……众庶富乐，编户安业。"从《大唐西域记》的记载中，也可看出塔里木河流域的果树园艺业很发达，像葡萄、甜瓜、桃、杏、奈（苹果）到处都有。植桑养蚕技术也由内地传至塔里木河流域，当时的于阗（今和田）是"桑树连荫"。

4. 宋、元、明时期

宋代屯垦曾一度中断。到了元朝,塔里木河流域屯垦又发展起来。从公元1278 年开始到公元 1298 年,共 20 年,全部创办于忽必烈统治时期。《元史·世祖本纪十一》记载,至元二十三年冬十月,元政府"追侍卫新附兵千人,屯田别失里,置元帅府,即其地总之"。别失八里屯田军最多时达到一万一千多人,种地 $(2 \sim 4) \times 10^4 \text{hm}^2$。除别失八里外,元朝政府还在塔里木河流域曲先(库车)、可失哈尔(喀什)、斡端(和田)、阇挥(且末)等地屯田。明朝对西域实行消极政策,除哈密地区外,没有在新疆组织屯垦。整个明代,新疆地区处分裂割据之中,使土地开发无所进展,农业遭受破坏,陈诚在《使西域记》记载,繁荣的于阗(今和田)这时变成"人民仅万人计,皆避居山间"。

5. 清朝时期

清朝前期(1644 ~ 1840 年),仿效汉唐,大兴屯田,把土地开发推向历代王朝的高峰。清朝屯田的范围十分广阔,塔里木河流域有哈密、吐鲁番、喀喇沙尔、库车、阿克苏、乌什、巴尔楚克、喀什葛尔、叶尔羌和和田十个垦区。清朝前期,在塔里木河流域的屯垦人数也超过了历代。按《新疆屯垦史》资料,新疆有屯丁 12.67×10^4 人,绿营兵屯 2.22×10^4 人,八旗屯兵 1.488×10^4 人,民屯 3.75×10^4 人,犯屯 0.92×10^4 人,如果连同家属计算,当时新疆共有男女屯垦军民 48×10^4 人。屯田开垦的土地数量也是空前的,全疆共有 $20.1 \times 10^4 \text{hm}^2$。其中塔里木河流域 $7.2 \times 10^4 \text{hm}^2$,占屯田总面积的 36% 。

清朝前期,塔里木河流域屯垦推动了新疆农业的发展,当时新疆粮食之多,粮价之低,全国少有。1759 年春园所著《西域闻见录》记载当时库车:"种植多获,其地诸果皆盛。"阿克苏:"土田广沃,芝麻、二麦、谷、豆、黍、棉、黄云被野,桃、杏、桑、梨、石榴、葡萄、苹婆、瓜菜之属塞圃充园,人人富厚。"叶城:"土产米、谷、瓜果,甲于回地。"于田:"土地平旷,沃野千里,户口寨多。"喀什:"土地膏腴,粮果多收。"

从1840 年开始,到1911 年,是清朝衰败和灭亡的时期,也是我国近代半殖民地半封建社会时期。由于政治腐败、经济衰退以及遭受沙皇俄国、英国浩罕集团的大肆侵略,使新疆前期开发的土地遭到严重破坏。鸦片战争失败后,林则徐被戍新疆 3 年。1844 年 10 月到 1845 年年底,他又奉道光帝之命到塔里木河流域勘地，考察各城新垦屯田亩数和制定安户方略，每到一城，不畏劳苦，深入屯地，亲视测丈，一年中实际勘察了库车、乌什、阿克苏、和田、莎车、喀什噶尔、喀喇沙尔、吐鲁番、哈密九城的新垦地，共 $4.9 \times 10^4 hm^2$。在和田，林则徐还深入到位于沙漠腹地的达瓦克寻找水源，勘量地亩，禀报朝廷，招人民自愿承种，共 900 户。今距和田城北 100 多公里的达瓦克绿洲，就是从这时开始建立的。据《清实录》不完全统计，1840~1850 年，塔里木河流域开垦荒地达 $4.8 \times 10^4 hm^2$。

从 1865 年开始到 1877 年，阿古柏带领浩罕军侵占了塔里木河流域，使各族人民遭到浩劫，农业开发受到毁灭性破坏。为了打击外国侵略者，左宗棠率领内地大军进疆，在 1878 年元月全部光复南疆地区，并在 1884 年正式建立新疆省。新疆建省后，制定了屯垦章程，招集各地流亡人口，移入内地农民，组织退伍军人和遣犯，开荒种地，重修水利，轻徭薄赋，关内各族人民也"携眷承垦络绎相属"，人数"几于盈千累万"。到 1911 年，塔里木河流域耕地面积熟地已达 $70.36 \times 10^4 hm^2$。

清朝后期，塔里木河流域在土地开发技术方面积累了一定的经验。当时已根据垦地的植被地下水情况以评定地力，并因地制宜种植农作物。《新疆图志》(1911) 记载："垦荒之法，先相土，宜生白蒿者为上地，生龙须草（指茇茇草）为中地，生芦苇者多碱为下地，然宜稻。既度地利乃芟尔焚之，区划成方卦形。夏日则犁其土，使草根森露，曝之欲使其干也，秋日则疏渠引水，浸之欲其腐也，次岁则草化地亦腴。初种宜麦，麦能吸地力，化土性，使坚者软，实者松。再种宜豆，豆能消碱。若不依法次第种之，则地角圻裂，秀而不实。如是两三年之后，五谷皆宜，每种一石，可获二十石。"

二、近现代塔里木河流域农业开发历史变迁

从 1911 年清朝政府被推翻建立民国，到 1949 年新疆和平解放至现在，可划分为民国和解放以后两个时期。

1. 民国时期

塔里木河流域的农业开发有两起两伏。1912~1928 年，为杨增新统治时期。杨增新对发展农业经济十分重视，在他的《补过斋文牍》中宣称："修渠垦荒，事属要政。"他对水利也极为重视，认为："水利为农业根本，行之边地，开财

源，安流氓，尤为至计。""水利一兴，地利自辟，于田赋当有裨益"。1928～1933 年，为金树仁统治时期，是塔里木河流域农业生产大破坏时期。在这一时期内，政治腐败，横征暴敛，全疆大乱，混战不休，人民惨遭屠杀，农垦遭到破坏，使塔里木河流域各地出现了残破不堪、饥寒交迫的悲惨景象。1933～1944 年，为盛世才统治时期。盛世才政府实行了两个 3 年发展计划，第一次在塔里木河流域兴办现代化农场和大量使用农业机械，同时兴办了大批水利工程，建立了农垦委员会，培训了农技干部，增设了农业机构，因而迅速地扩大了耕地，提高了农作物产量，是塔里木河流域历史上农业开发和耕地、粮食增长较快时期。1944～1949 年为国民党统治时期，是塔里木河流域农业开发的瘫痪时期。这一时期人民逃亡，土地荒芜，农垦衰落，耕地减少。

2. 解放以后

1949 年新疆和平解放，结束了数千年封建农奴统治和国民党的反动统治，使生产力获得解放，农业开发水平也得到了很大的提高，流域耕地面积持续扩大。塔里木河流域农业开发从发展历程看，经历了以下几个不同阶段。

第一阶段，1950～1957 年，这一时期，农业的发展主要是依靠扩大耕地面积取得的。这一时期也是军垦农场开始建立的时期，中国人民解放军区部队从1950 年开始，除执行镇压叛乱、剿灭土匪任务外，还进行开荒播种。从 1954 年10 月成立新疆生产建设兵团到 1957 年底，这一阶段塔里木河流域开荒的重点以孔雀河及阿克苏河流域为主。

第二阶段，1958～1960 年，是"大跃进"时期，这一阶段耕地面积扩大，但粮食单产下降，开荒的效益不好。这一阶段开荒带有很大的盲目性，多是按长官意志决定的，执行了"边开荒、边勘测、边设计、边生产、边积累"的"五边"错误方针。只注意开荒数量，不注意开荒质量。这一时期主要开发了塔里木河流域上游阿拉尔灌区，下游卡拉—铁干里克灌区。这时地方国营农场和人民公社也积极开荒，由内地迁入塔里木河流域的人口也大量增加，把农业开荒推向了高潮。

第三阶段，1960～1967 年，虽结束了"大跃进"的开荒热，但每年开荒仍在增加。这一阶段开荒面积虽不小，但所形成的生产能力并不大，主要因水利建设跟不上，缺水灌溉或因次生盐渍化而弃耕。这一时期由于贯彻"调整、巩固、充实、提高"的八字方针,开始注意了土壤改良和培肥,所以在扩大耕地面积的同时,又重视了提高单产,使粮食单产由 1961 年的 682.5kg/hm² 历史最低水平,提高到 1966 年的 1441.5kg/hm²,为在此以前的最高水平。这一阶段是塔里木河流域农业发展中的一个稳定提高阶段。

第四阶段,1968 ~ 1976 年,为"文化大革命"的"十年动乱"时期。同时也是塔里木河流域开荒结束转入零星开荒时期。由于政治上的原因,使农业生产无人抓,形成每年都开荒,每年都弃耕,粮食人均占有量由 1966 年的 396.6kg,下降到 1976 年的 286.5kg。由过去的粮食自给有余变为缺粮,由调出粮变为调进粮,这一时期是塔里木河流域农业开发的低潮时期。

第五阶段,1977 ~ 1990 年,是农业连续 13 年丰收时期。这一时期由于城市建设、矿业占地及国防用地增加,虽然每年都有零星开荒,但仍不能平衡土地的开垦与征用的数量。这一阶段由于政治上安定团结,自十一届三中全会以来把主要精力转向经济建设,农业也转向以提高单产为主,通过加强对水利工程的配套,大力进行旧垦区改建,重视了改良和培肥,并对作物结构进行了调整,促进了单产不断提高。

第六阶段,1991 年至今,这段时间是塔里木河流域农业开发效率最高,开发力度最大的时期。塔里木河流域农业开发早期,工具简陋,农业生产只能在河流下游的沿河低阶地或泉水溢出带等引水简便的天然绿洲上进行。以后随着人口增长,科学技术、生产水平提高,农业生产逐渐向流域中、上游发展,在冲积洪积扇的中、上部及高阶台地开垦荒漠。而且随着水利基础设施的增多,农业现代化水平的提高,农业开荒和开发行为效率得到了提高。由于这一时期农业开荒面积较大,很多区域农业开发已超过了水资源和生态环境的承载力,对流域的水资源分配和生态环境都造成了较大的影响。

3. 近时期

在最近这一时期,现代技术逐渐应用于农田水利建设,利用冲积洪积扇缘及冲积平原中的低洼地修建平原水库,修建山区水库及大量的水利设施,对河水进行调节、控制,特别是现代节水农业改变了过去渠道灌溉模式和自然河流、渠道灌溉模式,农业开发不再有太大的地域限制。通过膜下滴灌节水技术,能够在较多的地方尤其是在荒漠上开发农业,将塔里木河流域农业开发推向了新的高潮。

但是，农业开发中水、土资源矛盾是一个主要制约因素。随着科学技术进步与发展，以及经济结构的演进。一方面，人类干预自然的能力得到很大的提升，支配水、土资源的能力得到很大的提高；另一方面，水、土资源矛盾进一步扩展为水与经济、生态、社会的矛盾。由于农业用水的高比例，势必影响经济、社会、生态的协调发展。随着农业开发难以维持区域水资源分配的不足，以及对生态环境影响的加剧，对经济、社会、生活用水影响的加剧，农业开发必将逐渐由高耗水和粗放式发展，转向节水农业、生态农业和特色农业发展。

第二节　塔里木河流域水土资源开发利用历史变迁

一、农业灌溉以人就水阶段

以人就水阶段是简易引水灌溉，时间约在魏晋以前。这时候形成的绿洲，主要分布在河流下游三角洲。如塔里木盆地南缘的尼雅、丹丹乌里克、老达玛沟及孔雀河下游的楼兰等古绿洲。人类为什么会在这些地区开荒种地发展农业，应从两方面的原因去分析。从社会原因看，当时塔里木河流域大部分地区还是奴隶社会，生产力低下，生产工具落后。在汉以前，新疆还没有铁制工具，以木制的为主。从罗布泊出土的魏晋木简记载："明日之后，便当斫地下种。"可见不少地方还保持着原始的刀耕火种。《洛阳伽蓝记》（530年）也记载，当时且末地区"不知用牛，耒耜而田"。可以想象，在铁制工具还很少使用和没有牛耕技术条件下，要大规模开荒和兴修较大的水利工程都是不可能的。从自然原因看，河流下游三角洲，地势平坦，水网发育，河流下切不深，坡降平缓，人工稍加疏导，就可引水灌溉，加之当时上游地段没有农业开发，河流水量除沿途渗流一部分外，都流向这里，灌溉水源也有保证。受河水泛滥影响，三角洲土壤一般积盐不重，地下水位虽比较高，但矿化度较低，植被生长也因水分条件较好，十分茂密，可做四季草场利用，这为居住在这里的人民提供了兼营畜牧业的条件。在尼雅、喀拉墩等遗址附近有大量的动物碎骨，说明先民们除食用粮食外，还有肉食。古代人民适应于当时生产力水平低下的情况，迁就水源，以人就水，利用三角洲上的这些自然有利条件，最先在这里建立绿洲。

如果古代人民开始不在三角洲上开发，而在其他地方，如河流出山口形成的冲洪积扇中、下部，则困难很大。第一，冲洪积扇上河流下切很深，引水困难；第二，若从山口引水到灌区要经过很长距离的砾石戈壁带，渗漏损失大；第三，扇形地上地形坡度大，渠道亦被冲毁；第四，地下水位较深，依靠地下水维持生活的植被稀疏，放牧条件差。再者，从当时的劳动工具来说，还不具备从山口引水到扇形地中、下部的可能。

位于尼雅河下游干三角洲的尼雅遗址，是古代的精绝国。按《汉书·西域传》记载："精绝国，王治精绝城，去长安八百二十里，户四百八十，口三千三百六十，胜兵五百人。北至都护治所二千七百二十三里，南至戎庐国四日，西通扜弥四百六十里。"19世纪末，斯坦因曾三次来此考古发掘，发现有古代的佛塔寺院和民舍，有渠道、水池和乡间小路，有篱笆围起来的果园，栽植着桃树、杏树、桑树、沙枣等；发现有麦子、青稞、糜谷、干羊肉、羊蹄、雁爪、蔓青等物；遗址一带还有很多枯死的胡杨，死人的棺葬全是用一棵大树身中间挖空成槽而成，可知当时胡杨生长之高大茂密。这个遗址东西宽2公里，南北长约10公里，且西、东、北三面临沙，按说风沙危害是严重的，但因有茂密胡杨防护，农业生产仍能进行，说明当时环境还是好的。尼雅遗址延续到晋朝才放弃。

二、农业灌溉以水就人阶段

以水就人阶段是筑坝修渠灌溉时期，时间是从魏晋直到1949年前。经历了10多个世纪，绿洲逐渐由河流下游的三角洲移向山前扇形地，发展成旧绿洲。这一时期，随着社会的发展，人们需要开垦土地扩大灌溉面积，多生产粮食以满足日益增长的生活需求。另外，由于生产工具的改进和水利技术的提高，人类可以部分控制河水，"以水就人"使增加引水扩大灌溉面积成为可能。

生产工具方面，铁锄、铁铧和牛耕技术已普遍应用。铁制工具能大大提高劳动效率，铁制工具的使用"使更大面积的农田耕作，开垦广阔和森林地区成为可能"。同时，水利技术方面也有了很大的进展。《水经注·河水篇》记载："敦煌索励……将酒泉、敦煌兵各千人,至楼兰屯田,起白屋,召郑善、焉耆、龟兹兵各千人,横断注宾河(今孔雀河下游)。"反映了在塔里木河流域水利建设的巨大规模和成效。又如米兰遗址,它是汉唐时期的重要屯田基地,这里保存有十分完整的古代灌溉渠道系统,干渠上设有总闸和分水闸,两侧有 7 条支渠,顺地形呈脊岭分布,采用双向灌溉集中分水的方式,有效地控制着整个灌区,全灌区没有浇不上的土地。修建大型输水渠的技术也已具备。黄文弼在今沙雅县东南发现有"长达三百华里之古渠,维吾尔语称黑太也拉克,即汉人渠"。由于水利技术的发展,使"从撒哈拉经过阿拉伯、波斯、印度和鞑靼地区直至最高的亚洲高原的一片广大沙漠地带,利用灌溉和水利工程的人工灌溉设施成为东方农业的基础(马克思:《不列颠在印度的统治》)"。

生产工具改进和水利技术的发展,就能以水就人,从山口引水通过坡度大的砾质戈壁至细土冲积平原,开渠灌溉。在唐[开元九年(721 年)]于阗某寺支出簿中,就有"掏山水渠"的记载,说明最迟到唐代,引水灌溉已由下游移至山前。由于从河流出山口能引得较多的水量,所以山前冲积扇上的绿洲就开始扩大。山前绿洲扩大,引走的水量增加,使河流输往下游的水量减少。到了清朝末年,塔里木河流域的水利事业已相当发展,老灌区的规模已基本奠定,按《新疆图志》(1911 年)统计,共修建灌溉干渠 563 条,支渠 1687 条,灌溉面积达 $60.1 \times 10^4 hm^2$,使引走的水量大增,影响到塔里木河干流水量。

《新疆图志》记载"塔里木河西南上游,近水城邑川畴益密,则渠法益多,而水势日渐分流,无复昔时浩大之势"。由于河流输往下游的水量越来越少,以致断流,使灌溉和生活用水都没有保证,以至发生水荒。为了能争得较多的水量,逐渐将渠系向山前推进,冲积扇绿洲逐渐扩大,引走的水量增多,使下游水量更趋减少,直至无法保证灌溉,最后不得不放弃。

三、农业灌溉以水就地阶段

水库调节灌溉时期,时间在 1949 年解放以后。由于人口剧增和农业机械化水平的不断提高,使耕地面积很快扩大。耕地面积扩大后,单纯依靠从河道自然引水灌溉已很难满足需要,特别是春季缺水限制了土地开发,为了解决这一矛盾,就必须修建水库,对径流进行调节。但限于物力、财力和技术条件,在还不可能建设大型山区水库时，只能迁就平原有利地形，利用扇缘泉水溢出带注地河流冲积平原上的低地，修建平原水库。1949 年前，塔里木河流域只巴楚有一座红海水库。1949 年后，共建大、中、小型平原水库 189 座，总库容 $31.9 \times 10^8 m^3$，兴利水库容 $24.1 \times 10^8 m^3$，对解决春季用水不足和扩大灌溉面积起了积极作用。如果不修建这些平原水库，塔里木河流域的耕地面积是不可能扩大的。

由于 1949 年后开垦荒地大多依赖水库灌溉，而新修的水库受地形限制又都分布在老灌区的中、下部，所以就使直接或间接依赖水库灌溉的新垦土地，也多分布在老灌区外围和边缘，如依靠小海子水库灌溉的农二师灌区；依靠胜利和上游水库灌溉的农一师阿拉尔垦区；依靠卡拉和大西海子水库灌溉的农二师卡拉和铁干里克灌区等。1949 年后建立的新绿洲一个重要特点，需要集中连片的土地，适应土地条件，也只能在灌区外开垦。1949 年后扩大的新绿洲与老绿洲相比，在引水和土地质量方面均不及老绿洲优越，但由于大型国营农场实力强，在农田基本建设、灌排设施、土地平整、条田规划、植树绿化等方面都较老绿洲好；同时也重视土壤改良和科学种田，因而在生产水平和水资源利用效率方面也较老绿洲高，很多新绿洲已成为重要的粮棉和瓜果基地。

四、现代节水农业发展阶段

由于农业耕地面积的增加，发展农业水利设施是保证农业灌溉的必需措施。20 世纪 60～70 年代，塔里木河流域"四源一干"兴建了一大批引水渠首和平原水库；80 年代，塔里木河流域加大了地下水开发力度，广泛开展了机井建设工程，从这一时期起，流域的农业开发速度和规模达到了空前的高度，人类农业开发活动增加。20 世纪末至 21 世纪初，流域进行了大规模的渠道防渗、平原水库除险加固、灌区节水改造等卓有成效的灌区水利基础设施建设。同时，以现代农业、节水农业为标志的新型农业发展模式在干旱区全面推广开来，滴灌、膜上灌、管道灌、细流沟灌已被证明是适合塔河"四源一干"切实可行的好方法，不仅输水快、配水均匀、耗水少而且节约土地、成本低、效率高。节水现代农业是塔里木河流域今后农业的发展方向。

第三节　近现代塔里木河流域水土资源开发利用变迁

一、塔里木河流域农业土地开发规模变迁

塔里木河流域水资源的消耗变化，有自然的原因，更有人为的原因，有源流来水量减少的影响，也与干流区用水过程中沿河道随意堵坝、扒口，无闸控制的引水和蓄水以及泛滥成灾的洪灌草场等影响有关。从本质上讲，是人类活动的影响，特别是人类农业生产、农业开发活动大大加强了水量沿程消耗的变化。主要是源流区大规模的土地开发用水量大增，使补给塔里木河干流的水量减少，也使水量的空间分布发生了巨大变化；上游区农业开发的增强，补给干流的水量减少，下游天然植被严重退化，面积和覆盖度减小。

1. 塔里木河流域灌溉面积逐年增加

由于塔里木河流域涉及区域太大，涉及行政单位太多，统计农田耕地面积是一件庞大而且不容易的工程。而且所有垦荒单位都存在瞒报和谎报开垦耕地的现象，难以掌握准确的数据，在各类统计年鉴中的耕地数据与现实中的数据差距较大。因此，在过去的资料记载中，没有历年来流域耕地面积的准确数据，难以对每一年的耕地变化趋势进行比较。随着现代遥感技术与卫星技术的应用，近年来，对塔里木河流域耕地面积、绿洲面积、荒漠面积发展趋势的掌握变得更加科学了，也逐渐掌握了较为翔实的绿洲土地和农业耕地的变化数据。

（1）1949～1993年流域"三源流"灌溉面积变化情况。根据对1949～1993年流域"三源流"阿克苏河、叶尔羌河、和田河的灌溉面积对比分析，"三源流"灌溉面积持续扩大，并进而导致农业灌溉引水增加。1949年，"三源流"灌溉面积仅有 $35.12 \times 10^4 \mathrm{hm}^2$，到1993年已发展到 $77.66 \times 10^4 \mathrm{hm}^2$，比1949年增加了 $42.54 \times 10^4 \mathrm{hm}^2$，增加了121.1%。引入农业灌区的水量达 $148.01 \times 10^8 \mathrm{m}^3$，比50年代增加1倍以上。同时，为了解决灌溉面积扩大后春季用水的不足，还修

建大中型平原水库 62 座，总库容量为 $22.8 \times 10^8 \text{m}^3$。源流引、蓄水量的增加，就使得补给干流的水量减少，见表 4-1。

表 4-1　塔里木河各源流灌溉面积变化　　　　单位：$\times 10^4 \text{hm}^2$

灌溉面积	流域			三河合计
	阿克苏河（包括阿拉尔）	叶尔羌河	和田河	
1949 年灌溉面积	10.13	18.66	6.33	35.12
1993 年灌溉面积	30	38	9.66	77.66
1993 年比 1949 年增加灌溉面积	19.87	19.34	3.33	42.54

资料来源：樊自立. 塔里木河流域资源环境及可持续发展［M］. 北京：科学出版社，1998，3-8.

（2）1998~2005 年流域"四源一干"灌溉面积变化情况。根据遥感调查资料，在 1999~2004 年的 6 年中，塔里木河流域"四源一干"共新增耕地 $17.7 \times 10^4 \text{hm}^2$。根据《塔里木河工程与非工程措施五年实施方案》，按照退耕还林和修复生态的规划思想，塔里木河干流农田灌溉面积要在 1998 年 $8.82 \times 10^4 \text{hm}^2$ 的基础上，到 2005 年规划压缩至 $6.58 \times 10^4 \text{hm}^2$，减少 $2.24 \times 10^4 \text{hm}^2$。然而，塔里木河干流现状实际灌溉面积已达到 $11.69 \times 10^4 \text{hm}^2$。2005 年，实际灌溉面积要比流域规划要求的灌溉面积超出 $29.5 \times 10^4 \text{hm}^2$。新增灌溉面积中，绝大部分为新开垦地，见表 4-2。

表 4-2　塔里木河流域"四源一干"新增灌溉面积对比

单位：$\times 10^4 \text{hm}^2$

流域	1998 年灌溉面积	2005 年灌溉面积	新增灌溉面积
阿克苏河流域	39.86	46.24	6.39
叶尔羌河流域	43.43	50.75	7.32
和田河流域	13.96	20.32	6.35
开—孔河流域	19.62	23.26	3.65
塔里木河干流	8.82	11.69	3.02
"四源一干"合计	125.54	152.27	26.73

资料来源：根据《新疆塔里木河流域水资源公报》相关资料整理。

（3）2002～2008 年流域"四源一干"耕地及播种面积变化情况。进入 21 世纪以来，"四源一干"所属区耕地面积由 2002 年的 109.45 × 10⁴hm² 增加到 2008 年的 169.30 × 10⁴hm²，耕地面积增加了 59.85 × 10⁴hm²，2008 年比 2002 年增加 54.7%。农作物播种面积由 2002 年的 135.01 × 10⁴hm²，增加到 2008 年的 179.34 × 10⁴hm²，增幅达 44.33 × 10⁴hm²，2008 年比 2002 年增加 32.9%，见表 4 - 3。

表 4 - 3　"四源一干"地区耕地面积发展趋势　　　单位：× 10⁴hm²

年份	阿克苏		喀什		和田		克州		巴州		总计	
	耕地	播种	耕地	播种	耕地	播种	耕地	播种	耕地	播种	耕地	播种
2002	33.96	38.69	40.39	54.02	17.04	22.50	3.49	4.61	14.56	15.18	109.45	135.01
2003	33.62	39.01	40.12	54.97	16.98	21.83	3.13	4.49	14.85	15.73	108.70	136.03
2004	33.63	39.12	40.21	55.56	17.10	22.51	2.89	4.33	16.71	18.13	110.54	139.65
2005	35.12	41.60	41.18	58.24	17.21	22.54	3.02	4.37	17.92	20.29	114.45	147.04
2006	37.16	40.78	49.35	62.23	17.22	21.63	3.07	4.23	18.73	20.06	125.54	148.94
2007	—	—	—	—	—	—	—	—	—	—	—	—
2008	61.49	49.85	53.01	76.60	17.26	22.34	5.29	4.60	32.26	25.94	169.30	179.34

资料来源：根据《新疆统计年鉴》（2002～2008）整理。

2. 1981～1999 年流域上游开荒与收复耕地逐年增加

国家《土地管理法》对土地开发审批权限有明确规定：省、市、自治区为 5000 亩，地、州、县只有 2000 亩和 1000 亩。而在塔里木河两岸开荒成千上万亩，只要地县批准即可，有的县连土地局、畜牧局和乡政府都有权批准开荒。1961 年，塔里木灌区上游水库管理处，利用水库内未被淹的零星高地开垦拓平种植小麦、水稻、油菜、瓜菜。1963 年，上游将部分土地移交上游水库管理处，当年末耕地面积 190hm²。1982 年后，机械开荒逐渐替代人工开荒，1981～1988 年，累计开荒 271.51hm²，收复弃耕地 256.18hm²。1988 年耕地达到 1013.3hm²，比 1981 年增加 21%。1990～1998 年累计开荒 2923.58hm²，收复弃耕地 443.82hm²。1998 年耕地达到 2455.7hm²，比 1992 年增加 1694hm²。① 见表 4-4。

表 4-4 塔里木灌区上游 1981~1999 年开荒、收复弃耕地   单位：hm²

年份	开荒面积	收复耕地	年份	开荒面积	收复耕地
1981	19.00	14.73	1991	95.33	—
1982	6.00	20.40	1992	103.13	120.50
1983	27.33		1993	155.60	—
1984	93.33		1994	261.53	13.33
1985	48.40	13.73	1995	303.86	168.33
1986	12.13	7.53	1996	701.40	141.66
1987	39.66	53.46	1997	670.40	—
1988	25.66	146.33	1998	555.33	—
1989	69.33	—	1999	192.00	—
1990	77.00				

资料来源：塔水处史志编纂委员会. 塔里木灌区水利管理处志. 新疆：新疆人民出版社，2001，57.

可以看出，塔里木河灌区上游的开荒和收复耕地，在 20 世纪 90 年代达到了峰值，平均每年以 300hm² 以上的速度开荒。到 90 年代末，开荒的速度逐渐放缓，见图 4-1 和图 4-2。

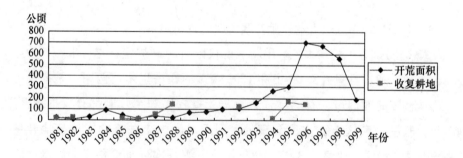

图 4-1 塔里木河灌区上游 1981~1999 年开荒、收复弃耕地趋势

① 塔水处史志编纂委员会. 塔里木灌区水利管理处志. 新疆：新疆人民出版社. 2001.

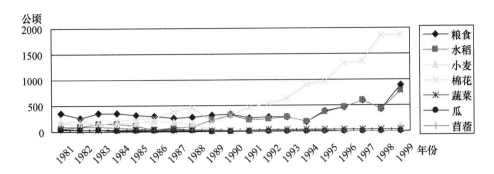

图4-2　1981~1999年塔里木河中下游和孔雀河流域主要作物种植面积

在1995~1998年，尉犁县由东河塘乡的塔提里克村到农二师三十一团九连的150km范围内，就有开荒点7处，架设水泵117台，平均不到1300m就有1台大口径的抽水机从河中抽水，开荒面积达1666hm²。由卡拉到英巴扎共架设抽水机400多台，共开垦土地4000hm²，如果再加上上游沙雅、农一师开垦的，3年中开垦土地不少于10000hm²。开荒者有农业大户、包工头和外地自留人员。其中有开好自己种的，也有开好租给别人种自己收取租金的，或本人经营3~5年后交给乡村，再将这些地分给牧民，作为口粮和饲料基地。开荒者不少是打着牧民定居旗号，有的根本就没有办理批准手续。所有的开荒者多未向水行政主管部门办理取水许可登记手续，情况十分混乱。在英巴扎，某公司规划土地8700hm²，准备开发5300hm²，第一期2700hm²，刚开垦660hm²，由于无水灌溉，开垦的土地植被破坏，遭受风蚀，地埂和渠道边已形成积沙，成为新的人工沙地。① 这种盲目开荒的势头还在发展，若不制止，后果将是十分严重的，对实现塔里木河水资源统一管理，保证向下游输水，挽救下游绿色走廊将会造成极大的困难。

二、塔里木河流域现状耕地和灌溉面积

塔里木河流域"四源一干"土地总面积29.04×10⁴km²，占塔里木盆地总面积的27.36%；其中平原绿洲区面积19.46×10⁴km²，山区面积9.57×10⁴km²；

---

① 樊自立.塔里木河流域资源环境及可持续发展［M］.北京：科学出版社，1998，96.

塔里木河干流平原绿洲区面积 $4.20 \times 10^4 km^2$，占"四源一干"平原绿洲区面积的21%。流域分区土地总面积见表4-5。

表4-5　塔里木河流域分区土地总面积统计　　　　单位：km^2

分区	和田河流域	叶尔羌河流域	阿克苏河流域	开—孔河流域	干流	合计
总面积	32730	83422	42334	89942	41944	290391
平原绿洲区	31757	49135	36668	35148	41944	194652
山区	973	34287	5666	54794	0	95739

注：表中总面积根据《全国水资源综合规划》$1:25 \times 10^4$ 比例尺电子地图划分的分区面积，平原绿洲区面积为2004年遥感数据（$1:100000$ 精度）解释量算。

按照2005年《新疆统计年鉴》和《新疆生产建设兵团统计年鉴》统计，塔里木河"四源流"耕地面积为 $79.16 \times 10^4 hm^2$。但是，根据2004年遥感调查，塔河"四源一干"实有灌溉面积为 $186.27 \times 10^4 hm^2$，二者差距较大。遥感现状土地利用调查的统计指标是按水田、水浇地，其中补充灌溉草场和农田防护林包括果林地，经分析比较可能是由于分辨率的原因致使水浇地的数据含有草场和林地面积。分区实有耕地面积和统计面积见表4-6。

表4-6　2005年塔里木河"四源流"耕地统计面积　　单位：$\times 10^4 hm^2$

分区	2005年统计年鉴耕地面积			2004年遥感耕地、灌溉面积统计			
	地方	兵团	合计	耕地	灌溉林地	灌溉草场	总灌溉面积
和田河流域	9.14	0.16	9.30	13.41	6.79	0.11	20.31
叶尔羌河流域	24.86	6.54	31.39	38.77	16.89	4.24	59.90
阿克苏河流域	11.98	10.46	22.44	42.62	16.66	3.19	62.47
开—孔河流域	11.65	4.37	16.02	23.67	9.14	1.02	33.84
干流	—	—	—	5.86	3.00	0.90	9.76
合计	57.63	21.53	79.16	124.34	52.49	9.45	186.27

资料来源：根据《新疆统计年鉴》、《兵团统计年鉴》与相关资料整理。

塔河"四源一干"2005 年统计的耕地面积见表 4 - 7，表中的塔里木河干流上、下游的兵团面积按《新疆生产建设兵团统计年鉴》有关团场数据统计，干流地方灌溉面积为实际面积，并非统计数据。王芳利用遥感技术，统计了塔河流域现有耕地中的撂荒地面积。借用遥感分析提出的撂荒地面积，进一步对塔河"四源一干"土地利用数据中的耕地面积进行分析。2005 年统计年鉴中的耕地面积与真实的耕地面积相差近 28%（统计年鉴中耕地面积为 $79.16 \times 10^4 hm^2$，真实有效的耕地面积为 $118.47 \times 10^4 hm^2$），其中阿克苏河流域面积相差最大。《新疆统计年鉴》统计的 2005 年当年新增耕地面积 $3.89 \times 10^4 hm^2$（新开荒面积 $1.28 \times 10^4 hm^2$），《新疆生产建设兵团统计年鉴》未统计年新增耕地和新开荒面积。这也进一步说明在对流域进行耕地数量统计的困难性。

表 4 - 7　塔里木河"四源一干"统计耕地与有效耕地分析对比

单位：$\times 10^4 hm^2$

分区		2005 年统计耕地面积	撂荒地	黑地	真实的有效耕地	有效耕地中的黑地
和田河流域		9.30	1.33	2.78	13.41	20.71%
叶尔羌河流域		31.39	3.13	4.24	38.77	10.94%
阿克苏河流域		22.44	0	20.18	42.62	47.35%
开—孔河流域	开都河	9.85	0	2.70	12.55	21.54%
	孔雀河	6.18	2.13	2.81	11.12	25.29%
	小计	16.02	2.13	5.52	23.67	23.30%
合计		79.16	6.6	326.72	118.47	27.62%

注：黑地为实有耕地面积与统计耕差值。

资料来源：根据《新疆统计年鉴》与相关资料整理。

农业开荒很大程度上构成了流域区域行政的财政收入，对地方行政主管和职工都有着直接的经济效益，开荒效益的部分利益将直接以分成的方式进入当地的区域主管的口袋中，这对流域的区域开发开荒活动无疑是一种直接的刺激。特别是开荒以投机商和大老板为主，这些人有钱、有势力，与当地行政官员有着千丝万缕的关系，他们既在开荒中获取直接经济利益，同时也需要对开荒行为保密，因为开荒经济活动中可能涉及当地官员的各类利益。因此，我们调研小组在流域的县、乡和团场进行农业耕地调研的时候，无一例外地遇到了"耕地数据保密"的问题，难以得到最确切的耕地数据。而当地行政部门公开提供的数据与他们实际"保密"数据相去甚远。

三、塔里木河流域农业水利设施发展历史与现状

由于农业耕地面积的增加，发展农业水利设施是保证农业灌溉的必需措施。20 世纪 60 ~ 70 年代，塔里木河流域兴建了一大批引水渠首和平原水库。80 年代加大地下水开发力度，广泛开展了机井建设工程，20 世纪末至 21 世纪初，为保障流域"四源一干"水资源的可持续发展，提高水资源利用效率，进行了大规模的渠道防渗、平原水库除险加固、灌区节水改造等水利基础设施建设。目前，流域水利工程设施主要为引水渠首、灌溉输水渠道、机电井、排水明渠和平原水库，平原周区已形成了以河流为主脉的灌排水网体系。

1. 引水设施建设大量增加

20 世纪 50 年代以前，塔里木河干流的径流量可以自然灌溉天然草场，随着源流来水量的减少，天然草场出现退化。为了维持天然草场面积，当地牧民就在河两岸挖引水口引水灌溉。60 年代以后，引水困难，引水口就越挖越多、越挖越大，引水规模和能力不断扩大。其结果是来水多时多引水，来水少时少引水，不能按需引水，水量在上、中游被大量消耗，无效水量消耗也增加了。

据塔里木河流域管理局 1993 年调查，塔河干流共有各类引水口 137 个，1993 年是塔里木河有记录以来的最枯水年，引水量达到 $21 \times 10^8 \mathrm{m}^3$。这种无序的随意开口引水，不但使水量下输困难，水资源无效消耗增加，且往往造成洪灾，出现上洪下旱的局面。仅从 20 世纪 60 年代以来就发生过几次引水造成的灾害。70 年代初，牧民乌斯满为灌溉草场在河道上扒口引水，因无法控制引水量，致使米尔沙里和群克一带发生水灾，使塔河干流主流北移改道并形成今日乌斯满河，水量在罗乎洛克湖和阿克苏甫沼泽被大量消耗。70 ~ 80 年代，上游沙雅的帕满和库车的开来里克开挖引水口大量引水，造成大片土地盐碱化。1986 年沙雅、库车河段因争相扒口引水，使洪水大量进入灌区泛滥成灾，冲毁房屋、畜圈，泥沙淹没农田、草场，损失严重。1994 年塔里木河发洪水时，帕满水库几乎被冲垮，中游沙雅县境内百西甫惠地区有一段河道河宽近 5000m。

目前，"四源一干"已建成各类引水渠首286处，总设计引水能力882m³/s，现状供水能力765m³/s。渠首工程实际控制有效灌溉面积122.93×10⁴hm²（部分与水库供水范围重复）。干流引水口138处，绝大部分为无工程控制的临时引水口。

表4-8　渠首工程基本情况统计

分区	数量/座	设计灌溉面积/ ×10⁴hm²	有效灌溉面积/ ×10⁴hm²	设计供水能力/ m³/s	现状供水能力/ m³/s
阿克苏河流域	63	70.2	57	198.60	165.50
和田河流域	27	6.29	4.84	81.40	62.60
叶尔羌河流域	26	122.2	32.93	220.30	169.50
开一孔河流域	32	24.49	20.13	89.12	74.26
塔里木河干流	138	8.54	7.99	293.00	293.00
合计	286	225.05	141.81	882.42	764.86

资料来源：邓铭江. 中国塔里木河治水理论与实践 [M]. 北京：科学出版社，2009，175.

表4-9　骨干引水枢纽工程基本情况

流域		渠首名称	设计灌溉面积/×10⁴hm²	设计引水能力/m³/s
和田河流域		玉龙喀什河渠首	10	150
		卡拉喀什河渠首	10	150
阿克苏河流域		艾丽西渠首	11.33	120
		多浪渠首	3	55
		库玛拉克河阿库木渠首	2.67	34
		库玛拉克河革命大渠渠首	2.67	52
		托什干河秋格尔渠首	1.91	40
		塔里木拦河闸	14	南岸80，北岸70
叶尔羌河流域	叶尔羌河	卡群渠首	23.33	340
		勿甫渠首	3.26	100
		民生渠首	4.94	180
		艾里克塔木渠首	6	300
		中游引水枢纽	8.4	175
	提孜那甫河	黑孜阿瓦提渠首	1	28
		汉克尔渠首	2	60
		红卫渠首	2.33	40

续表

流域		渠首名称	设计灌溉面积/ ×10^4hm²	设计引水能力/m³/s
开一孔河流域	开都河	第一分水枢纽	6.19	南岸23，北岸7.9
		第二分水枢纽	6.19	36.7
		第三分水枢纽	0.23	6
开一孔河流域	孔雀河	解放二渠渠首	3	40
		第一分水枢纽	4.8	72
		第二分水枢纽	0.73	16
		第三分水枢纽	1.33	13
塔里木河干流		阿其克河口分水枢纽	7.2	280
		乌斯满分水枢纽	0.89	60

资料来源：邓铭江. 中国塔里木河治水理论与实践［M］. 北京：科学出版社，2009，175.

2. 修建了大量平原水库

目前，塔里木河流域"四源一干"已修建各类平原水库76座，总库容28.08×10^8m³，其中大型水库6座，总库容12.89×10^8m³，76座平原水库设计灌溉面积为51.16×10^4hm²，有效灌溉面积为36.54×10^4hm²，占"四源一干"总灌溉面积的24%，设计供水量35.99×10^8m³，"四源一干"现有平原水库情况见表4-10。

表4-10 塔里木河流域"四源一干"水库工程基本情况统计

分区	其中大型水库		座数	总库容/ ×10^8m³	兴利库容/ ×10^8m³	设计灌溉面积/ ×10^4hm²	有效灌溉面积/ ×10^4hm²	设计供水量/ ×10^8m³
合计			76	28.08	23.10	51.16	36.54	35.99
和田河流域			20	2.35	2.05	3.63	3.33	2.20
阿克苏河流域	流域总计		6	4.90	4.20	10.51	8.09	4.14
	其中	胜利水库		1.08	0.78	2.47	2	1.00
		上游水库		1.80	1.18	5.13	2.33	1.50
叶尔羌河流域	流域总计		37	14.20	11.57	30.38	20.13	19.97
	其中	小孩子水库		5.00	4.80	0.67	6.67	5.32
		永安坝水库		2.00	1.50	—	—	1.50

续表

分区	其中大型水库	座数	总库容/×$10^8 m^3$	兴利库容/×$10^8 m^3$	设计灌溉面积/×$10^4 hm^2$	有效灌溉面积/×$10^4 hm^2$	设计供水量/×$10^8 m^3$
开—孔河流域		5	0.77	0.52	—	—	0.48
塔里木河干流	流域总计	8	5.86	4.76	6.63	4.50	9.20
	其中 恰拉水库		1.15	1.09	1.53	1.13	1.09
	大西海子水库		1.86	1.63	1.33	0.77	1.63

资料来源：邓铭江．中国塔里木河治水理论与实践［M］．北京：科学出版社，2009，174.

3. 修建了大量防渗渠道

目前，塔里木河流域"四源一干"建设干、支、斗三级渠道总长度 $4.85 \times 10^4 km$，防渗率 43.49%，其中，干渠的防渗率为 46.02%，支渠防渗率为 49.62%，斗渠防渗率为 39.59%，开—孔河流域的渠系防渗率比较高，渠道的防渗长度已占渠道总长度的 83.32%，而阿克苏河流域和叶尔羌河流域仅有 38.41% 和 28.11%。

表 4 -11 塔里木河流域"四源一干"灌溉渠道防渗情况统计

流域		和田河	叶尔羌河	阿克苏河	开—孔河	塔河干流	合计
干渠	渠道总长度/km	1714	3516	2014	1150	452	8846
	至1998年防渗长度/km	882	1210	656	908	30	3686
	综合治理完成防渗长度/km	61	126	131	61	6	385
	已防渗长度合计/km	943	1336	787	969	36	4071
	防渗率/%	55.02	38.00	39.08	84.26	7.96	46.02
支渠	渠道总长度/km	1817	5366	3587	2173	272	13215
	至1998年防渗长度/km	1230	1582	1165	1564	126	5667
	综合治理完成防渗长度/km	105	245	334	180	26	890
	已防渗长度合计/km	1335	1827	1499	1744	152	6557
	防渗率/%	73.40	34.05	41.79	80.26	55.88	49.62
斗渠	渠道总长度/km	4645	8982	6858	4356	1647	26488
	至1998年防渗长度/km	1626	1487	1774	3317	598	8802
	综合治理完成防渗长度/km	220	371	601	368	125	1685
	已防渗长度合计/km	1846	1858	2375	3685	723	10487
	防渗率/%	39.74	20.69	34.63	84.60	43.90	39.59

流域		和田河	叶尔羌河	阿克苏河	开—孔河	塔河干流	合计
合计	渠道总长度/km	8176	17864	12459	7679	2371	48549
	至1998年防渗长度/km	3738	4279	3595	5789	754	18155
	综合治理完成防渗长度/km	386	742	1066	609	157	2960
	已防渗长度合计/km	4124	5021	4661	6398	911	21115
	防渗率/%	50.44	28.11	37.41	83.32	38.42	43.49

资料来源：邓铭江. 中国塔里木河治水理论与实践 [M]. 北京：科学出版社，2009，176－177.

　　塔里木河流域各种水利设施的增加，提高了人类控制流域水资源的能力，同时也为农业开发活动提供了更加高效的便利条件。长期以来，流域存在重建轻管，就是更加着重于流域水利设施的建设，而轻于对水利设施的有效管理，使建设的水利设施难以发挥统筹分配水资源的功能。

　　同时，大量建设的水利设施使人类控制了更多的水资源，可以利用控制的水资源从事更多的农业生产，而分配给生态环境的水资源相应地减少。如果没有统筹协调好整个流域的用水，上游建设了大量水利设施，提高了上游用水效率，那么便利的水利设施将更加有利于挤占中、下游用水。而流域修建的各类水库更是将流向下游的水完全截流，导致下游断流，生态环境恶化。大西海子水库是塔里木河最下游的一座拦河水库，是造成下游河道断流的直接元凶，同时也直接造成了台特玛湖的干涸，对下游生态环境产生了严重的影响。

　　阿克苏河流域管理局一位官员说："塔河项目开始以来，实施限额供水，以地定水。上报国务院的耕地面积是 $20 \times 10^4 hm^2$，核定下来到现在也还是按这个指标给水。实际上却有 $40 \times 10^4 hm^2$ 以上的灌溉面积，用水矛盾就越来越尖锐。以前都是大河河道，渗入地下补水，现在都渠道化了，做了防渗措施，上游自我补给地下水的水量少了，有一点水都要灌到地里去。结果生态退化越来越明显，直接造成需水量增大。以前如果一亩地用60立方水就可以浇一遍，现在因为地下水抽得太多而来水变少，灌80立方水都还不够用。"

第四节　阿瓦提县与31团人口、耕地与经济增长个案分析

因为涉及整个塔里木河流域的耕地情况缺乏系统的资料，目前还没有历年的基本统计数据，而且耕地数据对当地来说是保密数据，一般也难以有确切真实的历年耕地数据。为此，我们选择塔里木河流域的阿瓦提县和兵团农二师三十一团为个案进行分析。因为这两个县和团场分别处于塔里木河流域源流和干流下游（阿瓦提县地处阿克苏河源流，三十一团地处塔里木河干流下游），生态环境极其脆弱，经济极其贫困，在干旱区流域中具有典型的代表性。

1. 阿瓦提县个案分析

阿瓦提县位于塔里木盆地北沿，在阿克苏河、喀什噶尔河、叶尔羌河、和田河下游冲积平原上，东、北与阿克苏市相连，西与柯坪县为邻，南部伸入塔克拉玛干沙漠腹地。全县总面积13258.8km²。北部为绿洲平原，南部为沙漠（塔克拉玛干沙漠的一部分）。绿洲与沙漠之间是原始胡杨林、灌丛、野草荒地，其中绿洲面积1892km²，占全县总面积的14.26%；荒漠、半荒漠和森林、草原面积2780.27km²，占20.96%；沙漠面积8586.53km²，约占65%。气候干旱少雨，蒸发量大，多年平均降水量46.7mm，多年平均蒸发量1890.7mm，生态环境极其脆弱。县域内有维吾尔、汉、回、哈萨克等11个民族，其中维吾尔族占79%，汉族占20%，其他民族占1%。2009年末，总人口23.27万人，其中农业人口18.01万人，农村居民人均纯收入仅为5775元。阿瓦提县也是极其贫困区域。

从表4-12中可以看出，阿瓦提县自1949~2008年以来，人口持续增长，人口从1949年的38436人增长到2008年的229400人，60年间人口增长了5倍；人口的增加导致人类活动的增强，人类加大了开荒力度，阿瓦提县的耕地面积持续增加，耕地从1949年的18.89×10³hm²增加到2008年的79.37×10³hm²，耕地面积增加了3倍，见图4-3；由于农业耕地面积的持续增加，也带来农业生产

表4-12 阿瓦提县人口、耕地与农业生产总值变化趋势（1949～2008）

年份	人口（人）	耕地面积（$\times 10^3\,\mathrm{hm}^2$）	农业生产总值（$\times 10^5$ 元）	年份	人口（人）	耕地面积（$\times 10^3\,\mathrm{hm}^2$）	农业生产总值（$\times 10^5$ 元）
1949	38436	18.89	356	1979	133840	33.97	4051
1950	38936	19.15	417	1980	133152	33.39	4356
1951	39517	19.64	542	1981	133611	33.93	4905
1952	40268	20.10	566	1982	136025	33.37	5091
1953	41154	20.10	613	1983	135610	33.38	7242
1954	41025	20.15	658	1984	137587	33.33	8280
1955	41819	21.17	598	1985	139181	32.67	9713
1956	42490	22.09	666	1986	140494	32.12	9661
1957	42764	24.47	557	1987	142882	31.98	8571
1958	71024	25.20	689	1988	145835	32.66	9073
1959	79721	28.03	927	1989	149706	31.96	11391
1960	85410	33.24	769	1990	159181	32.10	17822
1961	91307	33.49	751	1991	164736	33.73	20409
1962	94134	32.27	848	1992	168223	33.59	21044
1963	94347	32.77	948	1993	170814	34.77	22286
1964	95937	32.37	1130	1994	172629	35.22	25859
1965	101250	34.46	1285	1995	176858	36.89	29124
1966	106245	35.65	1452	1996	176618	37.91	22228
1967	109680	35.39	1612	1997	185189	40.35	32809
1968	118737	35.17	1814	1998	187505	43.70	35038
1969	120294	35.26	1986	1999	188695	45.61	30384
1970	123658	33.53	2162	2000	193894	45.82	51213
1971	127535	33.20	2356	2001	196290	46.03	51043
1972	117585	33.20	2545	2002	205151	44.17	54903
1973	136840	33.21	2800	2003	211700	45.59	74061
1974	140008	32.89	3051	2004	215400	46.80	78122
1975	126457	33.55	3328	2005	218000	48.67	92089
1976	130788	33.79	3461	2006	223300	52.69	105400
1977	132825	33.91	3582	2007	227100	55.70	115861
1978	133716	33.85	3618	2008	229400	79.37	131948

资料来源：根据历年《新疆统计年鉴》整理。

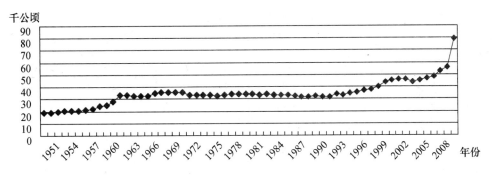

图4-3 阿瓦提县耕地面积变化趋势（1951~2008）

总值的增长，阿瓦提县农业生产总值从1949年的3560万元，增加到2008年的1319480万元，增加了370倍。

2. 兵团农二师三十一团个案分析

我们也选取了兵团农二师三十一团作为个案分析。农二师三十一团地处塔克拉玛干大沙漠东北边缘，位于塔里木河下游的尉犁县境内。218国道（伊若公路）沿农场北侧境内自西北向东南穿过。团部英库勒镇距尉犁县城75km，距库尔勒市138km。塔里木河沿场区西南向东南流过，场区中部有塔里木河的支流——恰拉河蜿蜒穿过，把场区切割成南北两半。三十一团深处内陆腹地，日照时间长，气温高，冬寒夏热，昼夜温差大，多风而干热，无霜期长，特别适宜种植优质棉花、香梨。三十一团也是生态环境脆弱和经济贫困区（也可称为"生态贫困"区）。

从表4-13中可以看出，农二师三十一团自1990年至2008年，人口总体上处于增长趋势，其中人口在1997~1999年，以及2004年达到峰值。14年间人口增长了2359人，人口数量最高为2004年的9873人。而自2004年以后，三十一团的人口逐渐处于下降趋势。耕地面积却是逐年增加的，三十一团自1999年的耕地面积 $3.06 \times 10^3 hm^2$ 增长到2008年的 $5.27 \times 10^3 hm^2$。从这里可以看出，流域耕地增长是刚性的，耕地面积并没有随着人口的减少而减少。同样，三十一团的GDP也是逐年增长的，GDP从1990年的1943万元增长到2007年的18044万元，一路增长达到峰值。而2008年GDP为16901万元，GDP有所下降，初步原因是2008年棉花价格大幅度降低，棉花产量高而价格低，导致丰产不丰收，这也是团场农业种植结构单一带来的风险。

表 4 - 13　兵团农二师三十一团人口、耕地与经济变化趋势（1990～2008）

年份	人口（人）	耕地面积（×10³hm²）	GDP（×10⁵元）	年份	人口（人）	耕地面积（×10³hm²）	GDP（×10⁵元）
1990	7514	3.06	1943	1999	9848	3.64	6015
1991	7720	3.42	2264	2001	9192	4.15	7658
1992	8195	3.70	2495	2002	9238	4.15	7602
1993	8852	3.66	2661	2003	9218	4.15	11072
1994	9106	3.66	2989	2004	9873	4.95	13738
1995	9106	3.73	4153	2005	9360	5.25	14795
1996	9254	4.14	5149	2006	9211	—	16262
1997	9702	4.16	5666	2007	9110	5.25	18044
1998	9748	4.16	6189	2008	9095	5.27	16901

资料来源：根据历年《新疆生产建设兵团统计年鉴》整理。

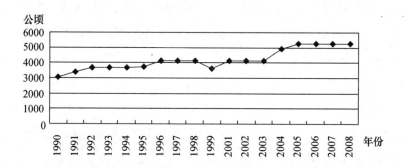

图 4 - 4　兵团农二师三十一团耕地面积变化趋势（1990～2008）

　　根据以上对阿瓦提县和兵团农二师三十一团的个案分析可以看出，无论兵团还是地方，农业耕地面积都是逐年增加的，农业开荒都是存在的；耕地面积表现为刚性，没有下降的趋势，说明塔里木河流域农业开发活动是持续增强的；其中，兵团的人口在减少，但耕地面积并没有减少，只是逐渐放缓了增长步伐，这可能跟农业开荒主要是土地承包商和大老板所为有关。调研组在对塔里木河流域有些区域的调查中发现，随着近年来流域相关政策的强力执行，有些地方已停止了开荒；但是，很多区域持续开荒增加灌溉面积的现象还是大量存在，流域开荒的势头仍然没有得到遏制。从以上两个个案分析可以看出，而且这两个案例在塔里木河流域具有一定的普遍性和代表性。

　　然而，现实情况比以上数据分析的可能还要严峻，因为以上的数据是根据《新疆统计年鉴》、《新疆生产建设兵团统计年鉴》数据整理，而现实中的农业开荒耕地数据，要比对外公布的统计年鉴数据要高很多（我们从卫星遥感数据与统计年鉴数据中比较可以看到），因为区域政府都隐匿了一定开荒数据，这样可以既逃避开荒处罚，又可多支配隐匿耕地部分的经济利益。

第五章　农业开发对流域水资源利用影响及生态效应

第一节　农业开发对流域水资源可利用总量变化的影响

一、农业开发导致流域干流水资源减少

塔河干流区本身不产流，其水量的绝大部分由三条源流阿克苏河、和田河和叶尔羌河补给。三条源流分别由北、南、西三个方向在肖夹克附近汇合，由此构成塔里木河干流的起始点。三条源流的水量既是维持各源流区经济、社会发展和生态环境良性循环，也是维持塔里木河干流区经济、社会发展和生态环境良性循环及塔里木河下游绿色走廊的重要基础。近年来，塔里木河干流水源减少较多，用水十分紧张，干流区农业生产受到水量的很大限制。同时干流区和下游绿色走廊的生态环境已加速向逆行方向演替。

1. 历史上塔里木河流域水量充沛

塔里木河流域在大规模农垦前，缺乏水文观测资料，其水量很难精确计算，但从历史记载中，水量是很大的。《西域水道记》中记载塔里木河："河水汪洋东逝，两岸旷邈，弥望菹泽。"到20世纪初，塔里木河的水量向下游就开始减少，《新疆图志·水道志》（1910年）记载，塔里木河"西南上游，近水城邑田畴益密，则渠浍益多，而水势日渐分流，无复昔时沽大之势"。

（1）历史上塔里木河水量充沛，是一条不安分的河，是一条游荡的河流。

清代阿弥达在《河源纪略》中记载："塔里木河水系，罗布淖尔为西域巨泽，在西域近东偏北，合受西偏众山系，共六十支，绵地五千，经流四千五百里。其余沙渍阻隔，潜伏不见者无算。"塔里木河有南北大摆荡的历史，摆荡幅度达到130km，其最南边的河道深入沙漠超过了100km。直至18世纪初，阿克苏河、喀什噶尔河、叶尔羌河、和田河四条河流汇于今肖夹克，形成今天的流域格局。

（2）历史上塔里木河几乎与汇集到塔里木盆地较大的河流都发生过联系。《汉书》记载：罗布泊广袤三百里，其水亭居，冬夏不减。北魏郦道元《水经注》记载：塔里木河自葱岭，即帕米尔高原分源，以歧沙为分水岭，其北为喀什噶尔河，其南为叶尔羌河，两河均向东流去。东晋高僧法显在其《佛国记》中记载：塔里木河有二支北流，经屈支（龟兹，今库车）、乌夷、鄯善入罗布泊。南河自于阗东于北三千里至鄯善入罗布泊。从《水经注》中可以看出，当时的塔里木河几乎汇集了塔里木盆地所有大河，可以推算其水量相当可观。历史上汇入塔河的有和田河、克里亚河、叶尔羌河及喀什噶尔河、阿克苏河、渭干河、迪那河、开孔河及一些小水系。后来塔里木河经过几次变迁，喀什噶尔河、渭干河、迪那河无水汇入塔河。塔河干流尾闾也几次变动，1952年以前可注入罗布泊，到1952年拉因河口大坝建成，台特马湖则成为塔河尾闾湖。

（3）塔里木河告急始于20世纪70年代。1973年，美国卫星发现，罗布泊已经干涸，只留下一个耳轮般裸露的湖盆。从80年代开始，从大西海子到台特马湖基本断流，留下300多km的干河道。在下游的大西海子水库和恰拉水库只留两个巨大的空盆。2009年，塔里木河有1100km河道断流，塔里木河流域生态环境急剧恶化。根据1959年和1983年航拍图片资料比较分析，24年间塔里木干流区荒漠化土地面积上升了15.6%。下游土地沙漠化发展更为严重，24年间沙漠化土地上升了22%。

2. 无节制的垦荒引水活动造成流域河水锐减

塔里木河流域是新疆最早有人类活动的地区之一。西汉时期，因政治和军事上的需要，西汉在塔里木河中游的渠犁（今尉犁）和轮台开渠引水屯田积谷，由此开始了新疆的屯田。随后，屯田逐步向塔里木河上游和下游推进，至今延续了两千余年。

（1）清代以前，塔里木河流域人类活动规模很小。自清朝至民国，直到新中国成立后，农业开发速度逐渐加快。由于流域干流区人口稀少，且主要以牧业为主，所以干流区的水量绝大部分用于维护天然植被和湖沼生存，人工绿洲的引水量极小，且集中于河道附近。干流区上、中、下游的耗水比例随着源流各河来水量及所占比例的变化而变化，随着源流区和干流上游人类活动的加强，下游的耗水量和耗水比例逐渐减少，上、中游的耗水量和耗水比例逐渐增加。20 世纪 50 年代以前，源流的来水量有所减少，但对塔河干流的生态环境没有产生大的影响。1950 年以后，塔河源流各流域大规模的农业活动使补给塔河的水量明显减少，加上干流上、中游人工引用水量增加，导致了中、下游水量消耗发生变化，生态环境退化，人类活动对河川径流及环境的影响非常明显。

（2）解放以后，塔里木河上游开垦面积扩大。灌溉引水增加，使补给塔里木河的水量明显减少。目前的塔里木河流域，仅包括阿克苏河、和田河、叶尔羌河及塔河干流。在人为调节下，孔雀河有部分水量下泄到塔河，渭干河有部分农田排水泄入塔河。阿克苏河和塔河上游灌区在解放后扩大耕地 $12 \times 10^4 hm^2$，由阿克苏河直接引走水量 $27 \times 10^8 m^3$，相当于阿克苏河西大桥水文站的一半。阿拉尔以上新垦区面积 $8.7 \times 10^4 hm^2$，引水量 $20 \times 10^8 m^3$，相当于塔河阿拉尔站 2/5 的水量。如果再加上叶尔羌河和和田河上游灌区开垦（共约 $18.2 \times 10^4 hm^2$）多引走的水量约 $10 \times 10^8 m^3$，共使阿拉尔站减少径流量 $30 \times 10^8 m^3$，约占现阿拉尔站年平均径流量的 60%。从 1958 年以后，塔里木河上游各支流开荒规模基本稳定下来，到 90 年代，上游开荒又达到一个新的高峰。

（3）20 世纪 90 年代以后，人类活动加剧，农业开发活动进一步增强，使中游段耗水增加，流域下游段水量剧烈减少。塔里木河大坝至卡拉段，是耗水最多的地段，平均耗水每千米高达 $683 \times 10^4 m^3$。在 315km 长的河段内共消耗了 $21.5 \times 10^8 m^3$ 水量，相当于阿拉尔站的 43.2%。在大坝至卡拉间有 3 个大的耗水区：一是大坝至渭干河口；二是乌斯曼河至罗乎洛克湖；三是乌斯曼河至卡拉间的渭干河。其中以乌斯曼河至罗乎洛克湖耗水量最大。乌斯曼河原是一条灌溉草场的小渠道，因地势低洼，河床冲刷侵蚀，从 1978 年开始塔里木河大部分水量就进入乌斯曼河。乌斯曼河水流入罗乎洛克湖及附近沼泽、沙漠和坑穴，任其蒸发渗漏，生态和经济效益很低。1986 年塔里木河为丰水年，上游洪水浩荡，因几座平原水库"穿膛耗水"和多达 90 处的随意拔口耗水，致使下游比往年更为干旱。中游地区的大量耗水，使流到下游的水量减少，见表 5 - 1。

表5-1　塔里木河的补给来源和径流量变化　　　　单位：$\times 10^8 \mathrm{m}^3$

周期时段 河名		1954~1964年		1965~1975年		1976~1986年		1954~1986年	
		径流量	占塔里木河	径流量	占塔里木河	径流量	占塔里木河	径流量	占塔里木河
阿克苏河	河川径流量	56.75		61.65		63.16		60.52	
	补给塔里木河水量	33.11	65.47	35.78	70.03	32.42	70.43	33.77	69.90
	占河川径流（%）	58.34		58.04		51.33		55.80	
叶尔羌河	河川径流量	63.42		64.10		66.90		64.80	
	补给塔里木河水量	5.95	11.77	1.80	3.72	1.08	2.35	2.94	6.08
	占河川径流（%）	9.38		2.81		1.61		4.53	
和田河	河川径流量	45.31		43.50		45.20		44.67	
	补给塔里木河水量	11.51	22.76	10.75	22.25	12.53	22.72	11.60	24.01
	占河川径流（%）	25.40		24.71		27.72		25.97	
塔里木河	河川径流量	163.48		169.25		175.25		170.00	
	补给塔里木河水量	50.57	100	48.33	100	6.03	100	43.31	100
	占河川径流（%）	30.56		28.56		26.27		28.41	

资料来源：新疆维吾尔自治区水利厅．塔里木河踏勘报告，1992.

（4）近年来塔里木河流域灌溉面积不断增加，加剧用水紧张，导致塔里木河干流来水量减少，河道断流。目前，塔里木河"四源一干"灌溉面积超出规划批准的灌溉面积 $40 \times 10^4 \mathrm{hm}^2$ 之多。按照塔里木河流域灌溉定额 $12000\mathrm{m}^3/\mathrm{hm}^2$ 计，需要用水约 $50 \times 10^8 \mathrm{m}^3$，加上原规划灌溉面积 $123 \times 10^4 \mathrm{hm}^2$ 的用水，总共需水近 $200 \times 10^8 \mathrm{m}^3$。灌溉面积的大幅度增加，加剧了用水矛盾，致使塔里木河干流的生态用水和生态环境难以得到保证。

二、农业开发导致源流区耗水增加

塔河干流来水量的变化主要受到源流水系的变迁及人类活动的影响，河流水系的变迁，使塔河的流域结构和水量分布发生变化。除此之外，干流来水量与上游源流区的人类活动规模有密切的关系，上游绿洲面积的扩大，必然增加从源流的引水量而导致补给干流水量的减少。干流水量的沿程消耗与变化则和干流水系的频繁改道、摆动有关。塔河干流区在历史时期基本上处于一种原始的自然状态，几乎没有受到人类垦荒活动的影响，河水孕育了广阔壮观的天然植被群落。

河流的自然分汊和改道使水量在空间上产生再分配。

1. 源流区耗水增加，导致进入干流阿拉尔站的水量持续减少

塔里木河干流起始于阿克苏河、叶尔羌河、和田河三河汇合口的肖夹克，归宿于台特马湖。阿拉尔水文站设立于1956年，位于肖夹克以下48km处，是塔里木河和三条源流入塔里木河径流的控制站。实测多年平均年径流量46.24×$10^8 m^3$。有实测资料以来，1978年最大年径流量为69.59×$10^8 m^3$，1993年最小年径流量仅为25.58×$10^8 m^3$，两者相差2.7倍。20世纪50年代后期平均径流量为52.97×$10^8 m^3$，90年代减少到42.54×$10^8 m^3$，40年来减少了10.43×$10^8 m^3$，平均以0.1926×$10^8 m^3$/a的速率减少。

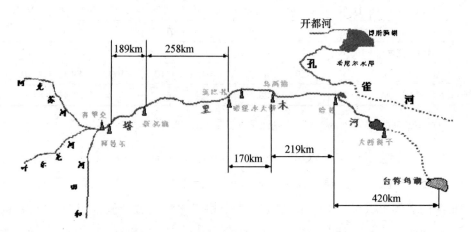

图 5-1 塔里木河干流水文站分布示意

2. 流域"四源流"来水量稳定，而进入干流水量持续减少

从图5-2中可看出，塔里木河流域四源流径流量总和基本稳定，维持在多年平均值246.79×$10^8 m^3$，但"四源流"径流量仅有20%（多年平均值）的水进入塔里木河干流，源流区间消耗了水资源199.32×$10^8 m^3$（多年平均值），进入塔里木河干流的水量仅47.47×$10^8 m^3$，且进入干流水资源呈现持续下降趋势。从图中可看出，1956～1959年间，"四源流"径流量为241.94×$10^8 m^3$，而进入塔里木河干流为52.97×$10^8 m^3$；2006～2008年间，"四源流"径流量为254.32×$10^8 m^3$，而进入塔里木河干流仅为38.86×$10^8 m^3$，源流区间消耗了水资源215.46×$10^8 m^3$。

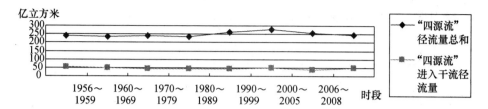

图 5 - 2　塔里木河流域"四源流"径流量与进入塔里木河干流径流量对比

表 5 - 2　塔里木河流域"四源一干"地表径流量变化及耗水量统计　　$\times 10^{8}\,m^{3}$

时段	阿克苏河径流量	叶尔羌河径流量	和田河径流量	开—孔河径流量	四源流总和	区间消耗水量	阿拉尔断面水量	进入塔里木河干流水量
1956~1959 年	76.45	74.16	46.05	45.28	241.94	188.97	52.97	52.97
1960~1969 年	80.47	72.36	44.49	39.03	236.35	184.81	51.54	51.54
1970~1979 年	78.56	75.87	46.45	39.32	240.20	195.75	44.45	44.45
1980~1989 年	79.08	73.69	42.56	37.17	232.50	186.24	44.74	46.26
1990~1999 年	93.23	78.61	42.21	45.63	259.68	214.83	42.54	44.84
2000~2005 年	100.40	80.85	46.75	52.83	280.83	232.32	44.59	48.51
2006~2008 年	78.67	87.26	49.27	39.12	254.32	215.46	38.86	38.86
多年平均	84.43	75.74	44.43	42.19	246.79	199.32	46.24	47.47

资料来源：根据《新疆塔里木河流域水资源公报》历年水文数据整理。

21 世纪初，虽然各源流来水量均大于多年平均值，但由于源流灌区用水量的增加，阿拉尔水文站年径流量仍呈现明显下降趋势，2008 年来水量仅为27.99 × $10^{8}\,m^{3}$。塔里木河四源流区耗水量以 $14.27 \times 10^{8}\,m^{3}/hm^{2}$ 呈逐年增加趋势，而耗水量占四源流径流量的比例则以每年0.11%的趋势增长，塔里木河干流耗水率呈明显下降趋势。

3. 源流区用水量的增加，导致源流多处断流

目前，塔里木河源流叶尔羌河全年断流，无水输入塔里木河。2008 年，和田河断流时间为1月1日~7月15日和9月8日~12月31日，断流共312天，占全年天数的85%，断流河道长度约300km；有水输入塔里木河时间为7月16日~9月7日，共54天，占全年天数的15%。开都河和孔雀河通过恰拉水库引水龙口，引水入塔里木河水量为 $0.39 \times 10^{8}\,m^{3}$，有水时间为10月6日~11月3日，共29天，占全年天数的8%；断流时间为1月1日~10月5日和11月4

日～12 月 31 日，共 337 天，占全年天数的 92%。

阿克苏河是唯一一条全年向塔里木河输水的源流，对塔里木河的形成、发展、演变和生态环境起着决定性作用。2008 年塔里木河：中游英巴扎站，河长398km，全年断流 228 天，占全年天数的 62.5%。中游乌斯满站，全年合计断流241 天，占全年天数的 66.0%。恰拉站位于中、下游交界处，全年合计断流 269天，占全年天数的 73.7%。大西海子水库泄洪闸全年断流，未开闸向塔里木河下游 320km 绿色走廊和台特玛湖输水，生态环境恶化。

第二节　农业开发对流域上、中、下游水资源分配产生影响

一、农业开发对流域源流出水量无直接影响

塔里木河自身不产流，属于旱区无支流汇入的自然耗散性河流，其水量由"三源流"补给。塔河流域各源流的河川径流量以高山融雪水、山区降雨和冰川融水补给为主，也有少量的地下水和泉水补给，补给来源多属混合型，径流的年际变化不大。一般在河流出山口之前为径流形成区，出山口之后的广大平原是径流耗散区。塔里木河流域自有文字记载以来的历史时期，一直是干旱荒漠气候。除了周期性的气候变化波动，没有足够的证据表明，塔里木河流域的气候是在变干或变湿，因此可以认为塔河源流区的产水量除自然丰枯的水文周期变化外，河川径流没有增加或减少的趋势。根据塔里木河流域"三源流"多年径流量趋势图分析，近 50 年来，塔里木河源流出山口年径流量总体上呈增长趋势，特别是20 世纪 90 年代后，各源流普遍进入丰水期，除和田河径流量处于下降趋势外，阿克苏河与叶尔羌河长期趋势为径流量增加。

由于"四源流"包括了开都河与孔雀河，这两个河为人工控制放水河流，通过恰拉水库引水龙口进入塔里木河。因此以"三源流"来水量比以阿克苏河、叶尔羌河、和田河来水量分析更为准确。近期从 2001 年到 2008 年，根据"三源流"

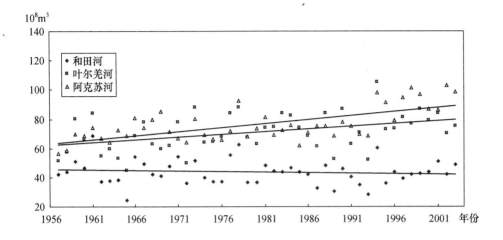

图 5-3 塔里木河流域"三源流"多年来径流量趋势分布

表 5-3 流域"四源流"多年来不同时段平均年径流量对比分析

时段	流域天然径流量/×10⁸m³	偏离多年平均值幅度/%	丰枯判别	最大水年		最小水年	
				径流量/×10⁸m³	年份	径流量/×10⁸m³	年份
1956~1959 年	241.94	−2.0	平水	269.25	1956	200.92	1957
1960~1969 年	236.35	−4.2	平水	280.37	1961	190.76	1965
1970~1979 年	240.20	−2.7	平水	289.63	1978	210.03	1972
1980~1989 年	232.50	−5.8	偏枯	256.02	1988	203.31	1989
1990~1999 年	259.67	5.2	偏丰	325.05	1994	196.41	1993
2000~2005 年	280.79	13.8	偏丰	298.24	2002	242.19	2004
2006~2008 年	254.32	3.0	平水	272.37	2006	239.47	2007
多年平均	246.79	—	—	325.05	1994	190.76	1965

资料来源:根据《新疆塔里木河流域水资源公报》历年水文数据整理。

的出山口控制测站径流量分析,"三源流"各时段自然来水量虽有丰枯波动,但"三源流"径流量总的趋势变化平稳,年平均径流量为 $211 \times 10^8 m^3$,没有明显下降趋势。塔里木河流域四条源流 2008 年出山口天然总径流量为 $241.3 \times 10^8 m^3$,比多年平均值多 $224.9 \times 10^8 m^3$,属偏丰水年。塔里木河龙头站的阿拉尔站以上的 3 条源流(阿克苏河、叶尔羌河、和田河)出山口天然径流量为 $202.5 \times 10^8 m^3$,比多年平均值增加 $19.6 \times 10^8 m^3$,属偏丰水年;开都河—孔雀河为 $38.83 \times 10^8 m^3$,比正常年份多 $5.33 \times 10^8 m^3$,属偏丰水年。说明塔里木河源流出山口流量的波动主要由自然因素干扰，农业开发和人类活动对"三源流"来水量没有明显的干扰和影响。

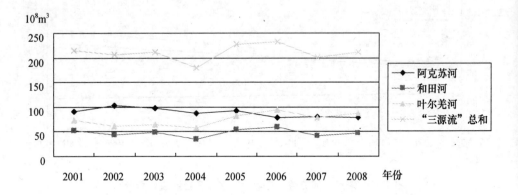

图 5 - 4　塔里木河"三源流" 2001～2008 年来水量变化趋势

表 5 - 4　塔里木河"三源流" 2001～2008 年来水量变化 单位：×10^8m³

年份	阿克苏河	和田河	叶尔羌河	三源流总和
2001	90. 77	51. 7	73. 02	215. 49
2002	102. 59	43. 39	61. 02	207
2003	98. 58	48. 83	64. 76	212. 17
2004	87. 34	35. 82	57. 77	180. 93
2005	92. 18	53. 62	81. 38	227. 18
2006	77. 96	59. 25	94. 83	232. 04
2007	79. 65	42. 21	79. 42	201. 28
2008	78. 4	46. 34	87. 54	212. 28
平均	88. 43	47. 65	94. 97	211

资料来源：根据《新疆塔里木河流域水资源公报》历年水文数据整理。

二、农业开发导致流域上、中、下游水资源分配失衡

1956 年以后，塔河流域各水系陆续建立了水文测站，各源流的来水量及干流沿程水量变化有了准确数据。自有了实测资料以来，塔河只剩三条支流，即阿克苏河、叶尔羌河与和田河，20 世纪 70 年代以后孔雀河通过库塔干渠输水补给塔里木河下游，用于农业灌溉。实际上，自三条源流在肖夹克汇合后，干流水量

沿程是逐渐减少的。从 50 年代以来，源流河流域土地开垦规模不断扩大，用水量增加，致使供给塔河干流的水量日趋减少。同时，塔河干流沿岸农牧业的发展迅速，引水量增多，使得干流沿程水量消耗发生了很大的变化。现以塔河干流段阿拉尔、英巴扎站、恰拉站水文测站的实测径流资料作为基础资料，分别分析塔河干流来水量和上、中、下游各段的耗水量的时空变化，包括不同时期平均源流河供水量以及干流各区段的耗水量、耗水比例，见图 5-5、图 5-6 和表 5-5。

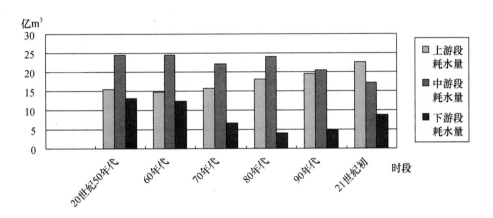

图 5-5　塔里木河流域上、中、下游历年耗水对比

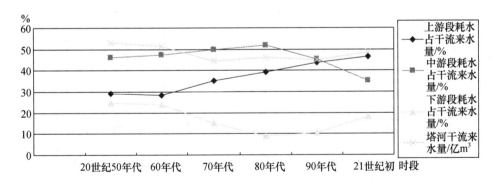

图 5-6　塔里木河流域上、中、下游区间耗水占干流来水量比例趋势

所以，塔里木河上、中游段的耗水在不断增加，输往下游的水量在不断减少，干流水量区段间的分配发生了显著变化。塔里木河干流各河段水量沿程消耗具有以下特征：

表5-5　塔里木河干流不同年代区间耗水量计算分析

项目 20世纪	阿拉尔/×10⁸m³	上游段耗水量/×10⁸m³	占干流来水量/%	英巴扎站径流量/×10⁸m³	中游段耗水量/×10⁸m³	占干流来水量/%	恰拉站/×10⁸m³ 干流来水	恰拉站/×10⁸m³ 66km分水闸	游段耗水量/×10⁸m³	占干流来水量/%	塔河干流来水量/×10⁸m³
50年代	52.97	15.49	29.2	37.48	24.45	46.2	13.03	0	13.03	24.6	52.97
60年代	51.54	14.69	28.5	36.85	24.47	47.5	12.38	0	12.38	24.0	51.54
70年代	44.45	15.62	35.1	28.83	22.14	49.8	6.69	0	6.69	15.1	44.45
80年代	44.74	18.15	39.2	26.59	23.99	51.9	2.60	1.52	4.12	8.9	46.26
90年代	42.54	19.62	43.8	22.92	20.44	45.6	2.48	2.30	4.78	10.7	44.84
21世纪初	44.59	22.59	46.6	22.00	17.08	35.2	4.92	3.92	8.84	18.2	48.51
多年平均	46.24	17.56	37.0	28.68	22.21	46.8	6.47	1.23	7.70	16.2	47.47

资料来源：邓铭江. 中国塔里木河治水理论与实践〔M〕. 北京：科学出版社，2009，134.

1. 塔里木河流域上游段耗水量和耗水比例持续增长

塔里木河上游多年平均耗水量 $17.56 \times 10^8 m^3$，占入塔里木河干流多年平均年径流量的37.0%，单位河长平均耗水量 $355 \times 10^4 m^3/km$。从20世纪50年代开始，塔里木河上游农业开发活动持续加大，上游段耗水量从 $15.49 \times 10^8 m^3$ 上升到21世纪初的 $22.59 \times 10^8 m^3$，增加45%；耗水量占干流来水量比例从20世纪50年代的29.2%，增加到21世纪初的46.6%，增加了17.4%。这说明，塔里木河上游段农业开发活动持续扩大，农业开发使耗水占干流来水量从历史上不到1/3，达到目前占干流来水量的近一半。可以说，上游段的农业开发等人类活动耗水增长速度惊人，这也直接导致流域中、下游水资源的不合理分配，以及流域生态、经济水资源的不合理分配。

2. 塔里木河流域中游段耗水量持较高水平但比例逐年减弱

塔里木河中游多年平均耗水量 $22.21 \times 10^8 m^3$，占入塔里木河干流多年平均年径流量的 46.8%，单位河长平均耗水量 $558 \times 10^4 m^3/km$，是干流耗水量和单位长度耗水量最大的区段，农业开发以及中游水资源的耗散，多年中游段耗水致使占干流近一半的水资源在此段被消耗。但是，中游段耗水量和占干流来水量比例同步减少，从 20 世纪 50 年代耗水 $24.45 \times 10^8 m^3$，减少到 21 世纪初的 $17.08 \times 10^8 m^3$，减少了 7.45%；耗水比例则从 20 世纪 50 年代占干流来水量的 46.2%，减少到 21 世纪初的 35.2% 左右。这说明，历史上中游是农业开发的主要区域，农业开发导致中游耗水始终呈现较高的比例，但是这个趋势随着上游农业开发用水的加剧而逐渐减弱，中游耗水量和占干流来水量比例都呈下降趋势，到 21 世纪初达到最低，低于多年平均耗水量 $22.21 \times 10^8 m^3$。

3. 塔里木河流域下游段耗水量和耗水比例锐减

由于塔里木河上、中游耗水总量多年平均为 $39.77 \times 10^8 m^3$，占干流多年平均流量 $46.24 \times 10^8 m^3$ 的 86%，耗去了流域绝大部分的水资源，因此流域进入下游水量少，故区间耗水量也少。塔里木河下游多年平均耗水量 $6.47 \times 10^8 m^3$，占入塔里木河干流多年平均年径流量的 16.2%，平均耗水量 $180 \times 10^4 m^3/km$。流域下游耗水量由 20 世纪 50 年代的 $13.03 \times 10^8 m^3$，减少到 20 世纪 90 年代的 $4.78 \times 10^8 m^3$，达到下游来水量的最低值。到 21 世纪初，由于实施了多次生态输水工程，利用水利工程强力向下游输水，下游水资源达到 $8.84 \times 10^8 m^3$，超过多年平均值 $7.70 \times 10^8 m^3$。

耕地面积的持续增加，塑造了干流区高效发展的农业经济格局的同时，也大大改变了干流区的水文情势。干流上游用水量不断增加，取代中游成为塔里木河干流区最大的耗水区域。干流来水由 50 年代的 $50.26 \times 10^8 m^3$ 下降到 20 世纪 90 年代的 $42.53 \times 10^8 m^3$，减少了 15.4%。塔里木河干流上、中游大量取水和河道缺乏治理，到达下游河段的水量逐年减少，下游河道逐渐无水下泄而干涸。随着上游河道的来水量减少，导致地下水补给量减少，最终也造成干流区地下水位不断下降。

三、塔里木河流域上、中、下游耗水模型分析

1. 干流区水平衡要素

塔里木河干流区是整个塔里木盆地的最低部分。在历史时期，其尾闾罗布泊

曾经是发源于塔里木盆地周边天山南坡、昆仑山北坡的诸多河流的归宿地，这些河流都曾有径流补给塔里木河干流，但是现在只有三条河流，即阿克苏河、和田河和叶尔羌河有水补给，其余河流已完全脱离塔里木河水系。从水量平衡的三大要素降水、蒸发和径流状况来看，干旱区的降水量十分有限，一般不能形成径流和下渗补充地下水，降水实际上没有参与到水量循环和转化的过程，而被直接消耗于强烈的蒸发，地表径流则在向下游流动过程中被消耗殆尽，其补给、排泄和消耗自成系统；地下水的补给几乎全部由地表水转化而来，通过河道、渠系、水库和天然水体的渗漏，洪水漫溢渗入补给，地下径流（R）则限于局地径流，没有形成自上游至下游的地下径流条件；塔里木河干流区没有水量流出区外，源流河的补给水量沿程被消耗殆尽，同时繁衍了广阔的天然植被生态景观。可以认为，塔里木河干流区是一个完整的独立地理单元，也是一个水量消耗单元，在相当长的时段内，塔里木河干流区的水量平衡方程可表示为：

$$W + P = E \qquad\qquad (1)$$

式中 W 为源流河供水量，P 为干流区降水总量，E 为干流区总蒸发量。表 5 – 6 列出了上、中、下游 3 个区段的多年平均水量平衡三要素值。径流量根据实测值；降水量根据上、中、下游有关气象站降水资料计算；上、中游区蒸发耗水量根据式（1）计算，在这里蒸发量有可能比实际值小，其原因是干流区地下水位在计算时段有可能在逐渐下降，而计算时假设地下水位没有变化。对于下游区，地下水位在计算时段下降了 5m 以上，据计算每年多蒸发 $2.97 \times 10^8 m^3$，即消耗了部分原有地下水储量，下游区的蒸发量把这一部分计算在内。

对于上游和中游地区 W + P > E，而对于下游地区 W + P < E，在上、中游地区，分别有地表径流向下游排泄，其蒸发耗水量小于流经上、中游区的径流和降水之和，而下游地区，蒸发耗水量大于径流量和降水量之和，依靠消耗地下水储量来弥补，导致地下水位逐年下降，天然植被退化，当地下水位下降到临界深度以下后，潜水蒸发为零。天然植被因缺水死亡时，土地发生荒漠化，水平衡水循环过程趋于简单化。实际上在下游阿尔干以下地区，无地表径流和地下径流补给，原有植被大部分已死亡，土地沙化，其水循环过程只存在于地表层，降水量全部消耗水蒸发，水量平衡方程可表示为：

$$E = P$$

表 5 – 6 塔里木河干流区水量平衡（1956～1994 年平均）

区段	径流量（$\times 10^8 \text{m}^3$）	降水总量（$\times 10^8 \text{m}^3$）	蒸发总量（$\times 10^8 \text{m}^3$）
上游段	46. 52	0. 54	16. 87
中游段	30. 19	0. 82	23. 33
下游段	7. 68	0. 43	11. 08

资料来源：樊自立. 塔里木河流域资源环境及可持续发展［M］. 北京：科学出版社，1998，53.

2. 水量消耗要素的分项计算

塔里木河干流两岸的平原区，孕育着广阔的天然植被景观，同时又是良好的农牧业生产场所，河道水系、湖泊沼泽、人工水库、渠道等水体以及农田、牧场和天然植物群落构成了水量消耗的主体。水面蒸发、植物蒸腾及潜水蒸发则是干流流域水量消耗的主要方式，相对于缺乏水分的广大荒漠或沙漠地区，其水循环过程则要复杂得多，水量的消耗过程因此多样化。

河道、渠系和水库的渗漏以及农田的回归水将首先渗补给地下水，并最终消耗于潜水蒸发或回归河道，转化为地表径流。在洪水季节，河川径流通过侧渗补给地下水，使地下水位抬升；而在枯水季节，地下水则排泄进入河道，增加地表径流。据中游英巴扎的地下水监测结果分析，河道两岸地表径流和地下水的转化可影响到河道两岸 2～5km 的范围。因此，对于整个干流区各区段而言，渗漏损失可以不计。

塔河干流区水量消耗项可分为：

（1）农业灌溉耗水（W_I）；

（2）河道蒸发耗水（W_R）；

（3）水库、湖泊等水体蒸发耗水（W_w）；

（4）潜水蒸发耗水（W_g）；

（5）植被蒸腾耗水（W_p）；

（6）洪水漫溢、引水口跑水（W_s）。

总耗水量等于这 6 项耗水之和，即：

$$W = W_I + W_R + W_w + W_g + W_p + W_s \qquad (2)$$

各项耗水可分别计算如下：

（1）农业灌溉耗水量 W_I：干流区农业灌溉耗水量是指农业引水量扣除渠系渗漏回归河道水量后的农业净耗水量，根据塔河干流流域规划（不包括阿拉尔灌区）计算，现状总计农业净耗水 $2.95 \times 10^8 m^3$，其中上游段耗水 $1.26 \times 10^8 m^3$，中游段耗水 $0.42 \times 10^8 m^3$，下游段耗水 $1.27 \times 10^8 m^3$。

（2）河道蒸发耗水量 W_R：按洪、枯两个季节分别计算，上、中、下游各区段的耗水量与河道宽度、长度、水面蒸发量密切相关。河道长、宽参照1991年《塔里木河干流流域规划报告》，水面蒸发势根据中国科学院新疆地理研究所阿克苏水平衡试验站实测 $20m^2$ 水面蒸发池水面蒸发量资料和干流区有关气象站资料推求，结果为上中下游水面蒸发势分别为 $16734mm/hm^2$、$17848.5mm/hm^2$ 和 $18964.5mm/hm^2$，按河道面积和蒸发势推算，上、中、下游各区段的河道蒸发耗水量分别为 $0.84 \times 10^8 m^3$、$0.57 \times 10^8 m^3$ 和 $0.09 \times 10^8 m^3$，合计整个干流区河道耗水量为 $1.50 \times 10^8 m^3$。在这里下游段河道由于英苏以下河道实际上已经断流，其河道水面蒸发量未计入，夏季洪水漫溢的水量也未计入河道蒸发量内。

（3）水库、湖泊等水体蒸发耗水量 W_W：水体面积包括人工水库、天然湖泊和积水洼地等，不包括季节性积水，计有水库面积 $245.5 \times km^2$，天然湖泊、洼地水体面积 $331.8km^2$。参照式（2）的计算方法，可以推算出上、中、下游水体蒸发耗水量分别为 $1.21 \times 10^8 m^3$、$3.9 \times 10^8 m^3$ 和 $1.79 \times 10^8 m^3$，整个干流段的水体蒸发量为 $6.90 \times 10^8 m^3$。

（4）潜水蒸发耗水量 W_g：潜水蒸发耗水量等于不同潜水位埋深潜水蒸发强度乘以不同潜水位埋深的面积之和，即按照 $W_g = E_g \times A$ 式计算。

潜水蒸发强度：2m 以内的潜水蒸发强度，根据阿克苏水平衡站的实测资料利用折算系数推求出上、中、下游各区的潜水蒸发强度；2m 以下的潜水蒸发量根据以下关系式计算：

$$E_g = E_{20} \times (1 - H/H_o)^n \qquad n = 2.51 + -0.025 \qquad (3)$$

其中 H_o 为临界深度，H 为地下水埋深，E_{20} 为 $20m^2$ 水面蒸发池蒸发强度。各时段的 E_{20}，根据当地实测的蒸发皿蒸发量推求。

不同地下水位埋深的面积：根据新疆地质矿产局《塔里木河干流流域水文地质及地下水开发利用调查》（1990年）所确定的实际面积计算，分4个地下水埋深等级 <1m、1~3m、3~5m 和 5~10m。占整个干流区面积 2.5% 的小于1m潜

水位埋深的区域潜水蒸发量为 $3.63 \times 10^8 m^3$，占整个干流区面积 17.6% 的 1~3m 潜水位埋深区域的潜水蒸发量为 $9.02 \times 10^8 m^3$，占整个干流区面积 23.1% 的 3~5m 潜水位埋深区域的潜水蒸发量为 $1.58 \times 10^8 m^3$，而占整个干流区面积 56.8% 的 5~10m 潜水位埋深区域的潜水蒸发量只有 $0.92 \times 10^8 m^3$。整个干流区总的潜水蒸发量为 $15.15 \times 10^8 m^3$，上、中、下游段分别为 $5.88 \times 10^8 m^3$、$6.25 \times 10^8 m^3$ 和 $3.02 \times 10^8 m^3$。

计算结果表明，占干流区总面积 20.1% 的高潜水位埋深区其潜水蒸发耗水量占了总潜水蒸发耗水量的 83.5%。可见，若将潜水位保持在 2m 以下，潜水蒸发量将明显减少，适当降低高潜水位地区的潜水位，水资源的潜力很大。

（5）植被蒸腾耗水量 W_p：植被蒸腾耗水可采用蒸腾系数的方法推求，由于潜水埋深和植被生长有直接关系，潜水位越高，植被郁闭度越大，植被蒸腾量越大，故植被蒸腾量可以用 $W_p = W_g \times k$ 来计算，蒸腾系数 k 值参考了《阿克苏河流域规划报告》计算的数据，取潜水位埋深 <1m 时，k = 1.86；1~3m 埋深时 k = 0.56；3~5m 埋深时 k = 0.38。从计算结果表明，干流区植被蒸腾耗水量为 $12.40 \times 10^8 m^3$，其中上、中、下游各段分别为 $4.81 \times 10^8 m^3$、5.12×10^8~$2.47 \times 10^8 m^3$。

（6）洪水漫溢、引水口跑水量 W_s：这一部分水量主要消耗在汛期，其中的一部分可以为天然植被所利用，但大部分通过提高潜水位和增加水面面积等以水面蒸发和潜水蒸发的方式而被无效地消耗掉了。根据干流区的水量平衡原理，源流供水量除以上 5 部分消耗外，其余所有水量都是漫溢和跑水消耗了。实际上，通过分析有实测水文资料以来的 40 年上、中、下游的耗水量状况可知，这一部分耗水量在逐渐增加，也就是说干流区的耗水状况在向不合理的方向变化。

表 5 - 7　1980~1994 年塔里木河干流区分项耗水量　单位：$\times 10^8 m^3$

区段	耗水总量	河道蒸发	水面蒸发	潜水蒸发	植被蒸腾	农业净耗水	洪水和跑水口耗水
上游	18.11	0.84	1.21	5.88	4.81	1.26	4.11
中游	21.2	0.57	3.9	6.25	5.12	0.42	4.94
下游	8.64	0.09	1.79	3.02	2.47	1.27	0
合计	47.95	1.5	6.9	15.15	12.4	2.95	9.05

注：包括库塔干渠输水 $2.01 \times 10^8 m^3$，卡拉水文站径流量 $3.66 \times 10^8 m^3$，地下水 $2.97 \times 10^8 m^3$.

资料来源：樊自立. 塔里木河流域资源环境及可持续发展 [M]. 北京：科学出版社，1998，55.

上表为干流上、中、下游各项耗水量的计算结果，耗水总量以近期 1980～1994 年平均塔河干流段实测耗水量计，其中下游段的耗水量中包括库塔干渠引水量 $2.01 \times 10^8 m^3$。下游实际来水量和耗水量相比，相差 $2.97 \times 10^8 m^3$，即每年从地下水中夺取 $2.97 \times 10^8 m^3$ 用于潜水蒸发、水面蒸发和植物蒸腾。

从以上计算结果中，似乎农业生产的耗水量占流域干流耗水量比例不大，90% 以上的水量消耗于潜水蒸发、洪水和跑水口耗水、植被蒸腾，发展农业的水量不足 10%。但是，应该看到，流域水资源被自然蒸腾消耗是不可避免的，而且塔里木河河床低，又流经沙漠地区，试想有多少的水资源灌进沙漠也不会见到踪影。而农业开发所利用的水资源是人类恰恰可以掌握、控制和利用的水资源，这部分水资源虽然占流域总体消耗水资源的比例不大，但是农业用水却占了人类总用水量的 96% 左右。而且随着塔里木河流域治理工程的实施，流域修建了大量的水利工程，人类控制和掌握水资源的能力得到了很大提高，能够将更多自然消耗的水资源集中到人类生产用途中，造成农业用水导致流域水资源分配利用失衡。

第三节　农业开发对流域不同水资源消费对象的影响

一、农业开发导致流域出现生态需水缺口

1. 塔里木河流域生态需水形式

塔里木河干流生态用水的形式主要以河道入渗补给地下水和洪水漫溢的地面灌溉为主。河道入渗在河道两岸横断面上形成一个近似梯形的地下水区域，使天然植被的根系能够有效地吸收水分；洪水漫溢地面灌溉可使植被达到自我更新，孕育幼林和草本植物的生长需水要求。塔里木河干流区天然林以胡杨为主，灌木有柽柳、盐穗木、梭梭、黑刺、铃铛刺等，草本以芦苇、罗布麻、甘草、花花柴、骆驼刺等为主，植被生长状况根据水分条件的优劣而异。

塔里木河干流上游植被以林木为主，以灌、草类植被为辅，生态用水为河道漫溢形成的地面灌溉为主，河道入渗补给地下水为辅；中游区植被以林、灌、草

结合，生态用水形式以河道及叉流入渗补给地下水为主，河道漫溢形成的地面灌溉为辅；塔里木河下游英苏以下由于河道长期断流，地下水位已下降至 8～11m，天然植被呈大面积衰败和死亡状态，生态用水以河道入渗补给地下水为主，目前通过向塔里木河下游断流河道输水，英苏以下区段的地下水位已有明显抬升。

2. 塔里木河流域实际需水生态面积

按照目前遥感实际量测的面积（塔河"四源一干"天然生态总面积为 $148 \times 10^4 hm^2$），其中林地面积占 13.58%，草地面积占 73.96%，水域面积占 12.58%，林草地占据塔河"四源一干"天然生态的主导地位。阿克苏河和开—孔河基本上河岸不存在胡杨林；和田河下游的胡杨占 49.34%，灌木林占 56.66%；叶尔羌河下游主要以灌木林为主，胡杨占 34.71%，灌木林占 65.28%；塔干流以胡杨为主，胡杨占 76.05%，灌木林占 23.95%，见表 5-8。

表5-8　塔河"四源一干"实际生态面积统计　　单位：$\times 10^4 hm^2$

分类		和田河	叶尔羌河	阿克苏河	开—孔河	干流	合计
林地	荒漠河岸林	4.62	2.31	0	0	29.22	36.14
	灌木林	4.74	4.33	2.70	14.71	9.20	35.68
	小计	9.35	6.64	2.70	14.71	38.42	71.82
草地	天然草地	4.54	57.15	36.82	31.09	20.76	150.35
	荒草地	25.67	42.56	23.97	20.47	60.69	173.37
	苇地	0.57	6.47	1.95	4.46	6.26	19.70
	小计	30.78	106.17	62.74	56.01	87.71	343.42
水域	河流水面	9.08	4.67	5.17	1.18	4.52	24.63
	湖泊水面	0.05	0.12	0.67	11.07	0.16	12.07
	坑塘水面	0.04	0.19	0.06	0.02	1.13	1.44
	小计	9.17	4.98	5.90	12.27	5.82	38.13
其他	沼泽地	0.30	1.95	1.69	1.16	7.86	12.97
	滩涂	0.80	0.77	1.76	1.64	2.19	7.16
	小计	1.11	2.73	3.45	2.80	10.05	20.13
合计		50.41	120.52	74.79	85.80	142	473.51

资料来源：根据塔里木河相关水文生态资料整理。

3. 塔里木河流域生态需耗水量及其需水缺口

天然生态的需要耗水量与实际耗水量有所不同，其差别主要体现在天然生态植被的生长状况。由于部分天然生态植被实际耗用水量少于其需求量，在呈现退化的状态下，未能达到其应有的生态功能。天然生态的需要耗水量主要是耗水定额的需求。按照生态面积、耗定额和生态现状，叶尔羌河下游现有的生态植被面积未能达到生态区域稳定的要求。解放初期，叶尔羌河下游的胡杨林面积有 $17.30 \times 10^4 hm^2$，现在只有 $6.64 \times 10^4 hm^2$，减少了 61.62%。现有的胡杨林和灌木林因得到的耗水没有达到需耗水量，其表现为林分质量极低。

干流的下游生态植被也未能达到生态区域稳定的要求。近几年应急输水缓解了塔河干流下游的生态植被状况，但植被面积的恢复程度仍未达到现状应有的面积。陈亚宁研究员在《塔里木河流域生态保护的重要性》一文提出：根据塔里木河流域的气候、地形、地貌、水文及土壤特征，结合流域水利工程的现实情况，天然植被耗水量与其所需水量之间还有很大差异，植被耗水量并不是真正的需要水量，实际的需水量要比所估算的耗水量多。因此，在所估算的植被耗水量基础上，还需考虑水的利用系数，根据理论研究及实践经验，还需要增加25% ~ 30%的水量，才可以基本保证维持天然植被生存的最低需水量。塔河干流上、中、下游需要保护的现状天然生态植被面积为 $142 \times 10^4 hm^2$。因此，根据遥感实际量测的塔河干流生态面积，仍有 $68.73 \times 10^4 hm^2$ 的生态植被面积需要恢复。根据陈亚宁研究员的计算，现状生态需水量应为 $31.74 \times 10^8 m^3$，其中，上、中、下游分别为 $9.95 \times 10^8 m^3$、$18.47 \times 10^8 m^3$ 和 $3.32 \times 10^8 m^3$。

表5－9　塔河"四源一干"生态耗水定额　　　　单位：$\times 10^8 m^3$

分类		和田河	叶尔羌河	阿克苏河	开—孔河	干流
林地	荒漠河岸林	233	233	233	233	248
	灌木林	147	147	147	147	166
草地	天然草地	133	133	133	133	148
	荒草地	27	27	27	27	38
	苇地	280	280	280	280	340

续表

	分类	和田河	叶尔羌河	阿克苏河	开—孔河	干流
水域	坑塘水面	1040	949	1035	823	1016
	河流水面	775	775	775	788	1016
	湖泊水面	1040	949	1035	823	1016
其他	沼泽地	1092	996	1087	864	1067
	滩涂	620	620	620	620	740

资料来源：新疆维吾尔自治区水利厅. 塔里木河流域"四源一干"水资源合理配置报告［R］，2007，88.

表 5 - 10　塔河"四源一干"生态需耗水量计算　　　单位：×10⁸m³

	分类	和田河	叶尔羌河	阿克苏河	开—孔河	干流	合计
林地	荒漠河岸林	1.08	0.54	0.00	0.00	7.25	8.87
	灌木林	0.70	0.64	0.40	2.16	1.53	5.43
	小计	1.78	1.18	0.40	2.16	8.78	14.30
草地	天然草地	0.60	7.60	4.90	4.13	3.07	20.30
	荒草地	0.69	1.15	0.65	0.55	2.31	5.35
	苇地	0.16	1.81	0.55	1.25	2.13	5.90
	小计	1.45	10.56	6.10	5.93	7.51	31.55
水域	河流水面	7.04	3.62	4.01	0.93	4.60	20.19
	湖泊水面	0.05	0.11	0.69	9.11	0.17	10.13
	坑塘水面	0.04	0.18	0.06	0.02	1.15	1.45
	小计	7.13	3.91	4.76	10.05	5.91	31.77
其他	沼泽地	0.33	1.95	1.84	1.01	8.39	13.50
	滩涂	0.50	0.48	1.09	1.02	1.62	4.70
	小计	0.83	2.43	2.92	2.02	10.01	18.21
合计		11.19	18.07	14.18	20.17	32.20	95.81

资料来源：新疆维吾尔自治区水利厅. 塔里木河流域"四源一干"水资源合理配置报告［R］，2007，89.

另根据新疆维吾尔自治区水利厅（2007），塔里木河流域"四源一干"水资源合理配置报告，塔河"四源一干"的河道内生态需水量为 95.81×10⁸m³，按耗水平衡结果生态实际耗用水量为 $82.82 \times 10^8 \mathrm{m}^3$，生态总缺水量为 $12.99 \times 10^8 \mathrm{m}^3$，缺水主要集中在塔河干流，干流的生态缺水率占需水量的 39%。

现实情况比这更加严峻，流域中游已经多年不见水的干河床说明，流域连最起码的生态用水的量都得不到保障，根本谈不上两岸生态需水的供水时间和方式的满足。更何况下游的人们和干涸的台特玛湖还在急等用水，而来水又屡屡到不了下游就断流了，还不够回填已经消耗的地下水。在英巴扎胡杨林保护站和设在库尔勒的塔里木国家级胡杨林自然保护区管理局，有了保护机构和措施以后，对胡杨林的开垦和砍伐受到了控制。但是，现在最让管理人员头疼的是棉田与胡杨争水和塔河来水不断减少。胡杨 4～5 月是最渴的时候，这时候也是棉田泡水的时候，而又是塔河下不来水的时候。管林子的管不了水，眼看着没有水胡杨林受损而没有办法，尤其是地处中游，受制于上游，这样的保护管理体制，使胡杨林的保护十分被动和无奈。没有全流域的统筹管理，即便建立了胡杨林保护区也只能沦为纸上保护区。

人们讲起塔河的过去，总是用"无缰之马"来形容它，那时的塔河洪水一来，像野马一样夺路而奔，漫溢在两岸，洪水过去在沿岸树林和荒漠留下无数大大小小的水坑，这些水坑的水可以存留到第二年春季，滋润养育着两岸的绿洲植被，两岸植物和动物也适应了洪水的周期变化，形成了特殊的塔河流域的生态系统。而且这些水坑还有分散排盐的作用，避免盐碱全部排到下游尾闾而过于集中。因此，生态用水不是简单地为河流留出一定自然流动的水量，它还包括满足沿河动植物需水的时间和方式，也包括河流自我净化的方式。生态用水离不开对流域生态系统的了解和管理。管胡杨林的不管水，管水的不管胡杨林，显然不利于生态用水的管理。其实，生态方面需要兼顾的事情还有其他许多，比如，上游农田排水与自然河水混流，打乱了河流盐碱迁移的规律；中下游沿岸饮用水的质量在下降，与生态相融的当地生活方式和文化在规模化生产过程中正在丢失。

二、农业开发用水占流域生产、生活用水比例过大

1. 历史时期流域 90% 以上的水量被天然消耗

塔里木河流域生产用水量包括绿洲农业的耗水量和人工林草的耗水量以及工业用水。可用于发展生产的用水量包括：挖潜节约水量扣除维护下游绿色走廊生

态用水，现状农业净耗水量等。塔里木河干流区（不包括阿拉尔垦区）除下游农二师垦区外，上、中游地区均以农牧业为主，流域 90% 以上的水量被天然消耗，水资源的人均耗用量为 $6.13 \times 10^4 m^3$，水资源的经济效益很差。

塔里木河各源流区都是新疆的农业重点开发区，特别是国家建设塔里木棉花生产基地，塔里木开荒造田、扩大灌溉面积的速度明显加快。塔里木盆地的棉田面积快速增加，其中大部分为新开垦荒地，而且大部分在塔河上游的源流灌区。各灌区为了发展棉花，投入大量的人力、物力兴修引水蓄水工程，以增加引水量。人类活动引用地表水对河川径流及下游的自然环境产生了很大影响，三条源流引用地表水占河川径流量的 60% 以上。叶尔羌河流域几乎全部径流量都被引用，无水汇入塔里木河。

表 5 – 11　塔河干流区水资源利用基本情况（1992～1993）

区段	人口 （10^4 人）	耕地面积 （$10^4 km^2$）	牲畜头数 （10^4 头）	洪灌草场 （$10^4 km^2$）	人均耗水量 （$10^4 m^3$ 年/人）	$\times 10^4$ 元产值耗 水量（$10^4 m^3$）
上游	1.97	1.28	55.21	30.1	9.19	173.4
中游	1.74	0.33	14.67	9.72	12.18	215.9
下游	3.63	1.61	0.43	6.94	1.56	11.5
合计	7.34	3.22	70.31	46.76	6.13	133.6

资料来源：1993 年塔里木河管理局调查资料。

2. 农林牧业用水量占总用水量达 97.20%

现状年塔河"四源一干"河道内、外生态总耗水量为 $195.58 \times 10^8 m^3$，占总耗水量的 62.06%，其中河道内占 41.63%，河道外占 58.37%；在生态总耗水量的构成中，叶尔羌河流域和阿克苏河流域引出河道外的水量较多，接近 1/2，形成绿洲周边的生态耗水量分别占生态总耗水量的 95.98% 和 90.53%；塔河干流主要为生态耗水，河道内的耗水量占生态总耗水量的 88.18%；塔河"四源一干"总体上经济生产活动耗水量占 37.94%。按照《西北地区水资源配置生态环境建设和可持续发展战略研究》（水资源卷），内陆干旱地区经济活动耗水量不应超过水资源总量 50% 的结论，塔里木河道内外的生态总耗水量均大于 50%，但按河道内的天然生态耗用水量比较，天然生态耗用水量只有 26.28%。

表 5 – 12　塔河"四源一干"水资源耗水组成统计　　　单位：×10⁸ m³

分区	生态耗水			经济耗水	总耗水量	耗水%		
	河道内	河道外	合计			生态占	经济占	河道内占
和田河流域	11.18	17.02	28.20	12.49	40.69	69.30	30.70	27.48
叶尔羌河流域	17.67	22.11	39.78	36.83	76.61	51.93	48.07	23.07
阿克苏河流域	14.18	41.57	55.75	41.59	97.34	57.27	42.73	14.57
开—孔河流域	20.17	8.70	28.87	22.2	51.07	56.53	43.47	39.49
塔河干流	19.62	23.36	42.98	6.47	49.45	86.92	13.08	39.67
合计	82.82	112.76	195.58	119.58	315.16	62.06	37.94	26.28

注：表中经济活动耗水量包括平原水库的蒸发损失。

资料来源：新疆维吾尔自治区水利厅. 塔里木河流域"四源一干"水资源合理配置报告［R］, 2007.

根据《新疆塔里木河流域水资源公报》（2001～2005 年），统计的现状分行业供水量见表 5 – 13。塔河"四源一干"的用水量主要以地表水为主，而各灌区引用地表水量又与当年的河道来水量关系比较密切。根据 2001～2005 年的河道来水情况，结合耗水平衡分析结果，现状分行业用水量见表 5 – 13。

表 5 – 13　塔河"四源一干"分行业用水情况统计（2001～2006）

单位：×10⁸ m³

年份	分区	农业用水量		林牧用水量		城镇工业用水		城乡生活用水		总用水量	
		小计	地下水	小计	地下水	小计	地下水	小计	地下水	合计	地下水
2001	和田河流域	18.49	0.53	6.46	0.22	0.22	0.13	0.37	0.18	25.55	1.06
	叶尔羌河流域	44.19	2.91	3.63	0.00	0.10	0.02	0.17	0.01	48.09	2.94
	阿克苏河流域	26.39	0.63	7.53	0.00	0.68	0.61	0.46	0.37	35.06	1.61
	开—孔河流域	12.40	1.09	3.55	0.46	0.64	0.22	0.49	0.21	17.08	1.97
	塔里木河干流区	14.37	0.00	4.09	0.00	0.00	0.00	0.03	0.00	18.50	0.00
	合计	115.84	5.15	25.27	0.68	1.63	0.98	1.53	0.77	144.27	7.58
2002	和田河流域	17.30	1.11	9.15	0.23	0.13	0.10	0.35	0.22	26.94	1.65
	叶尔羌河流域	53.28	3.46	7.13	0.16	0.16	0.15	0.60	0.32	61.17	4.09
	阿克苏河流域	47.97	1.57	11.36	0.00	0.73	0.74	0.55	0.00	60.60	2.31
	开—孔河流域	29.25	1.28	10.28	0.34	0.83	0.29	0.85	0.36	41.21	2.27
	塔里木河干流区	4.28	0.00	3.81	0.00	0.00	0.00	0.03	0.00	8.11	0.00
	合计	152.09	7.43	41.67	0.73	1.84	1.27	2.43	0.90	198.03	10.33

续表

年份	分区	农业用水量		林牧用水量		城镇工业用水		城乡生活用水		总用水量	
		小计	地下水	小计	地下水	小计	地下水	小计	地下水	合计	地下水
2003	和田河流域	13.69	0.78	6.44	0.13	0.10	0.08	2.44	0.19	22.68	1.18
	叶尔羌河流域	57.03	3.07	8.19	0.31	0.13	0.00	0.32	0.59	65.67	3.97
	阿克苏河流域	43.84	2.04	11.78	0.13	0.19	0.16	0.43	0.22	56.24	2.56
	开—孔河流域	29.75	1.50	7.66	0.33	0.74	0.24	0.48	0.39	38.62	2.46
	塔里木河干流区	10.22	0.00	1.57	0.00	0.01	0.00	0.06	0.01	11.85	0.01
	合计	154.53	7.39	35.62	0.90	1.18	0.48	3.72	1.39	195.05	10.17
2004	和田河流域	16.55	1.39	5.89	0.36	0.12	0.12	2.07	0.24	24.63	2.10
	叶尔羌河流域	48.37	4.36	9.99	0.27	0.13	0.05	1.59	0.42	60.07	5.10
	阿克苏河流域	37.47	0.25	15.00	0.20	0.21	0.20	0.72	0.21	53.39	0.86
	开—孔河流域	25.15	2.15	5.60	0.47	0.30	0.25	1.14	0.64	32.18	3.51
	塔里木河干流区	9.19	0.09	1.09	0.00	0.00	0.00	0.08	0.00	10.36	0.09
	合计	136.72	8.24	37.57	1.30	0.76	0.61	5.59	1.51	180.64	11.66
2005	和田河流域	16.32	0.94	6.53	0.26	0.16	0.13	1.51	0.16	24.52	1.49
	叶尔羌河流域	51.55	4.06	6.27	0.32	0.08	0.05	1.70	0.59	59.59	5.02
	阿克苏河流域	38.17	2.05	13.75	0.12	1.28	0.26	0.73	0.31	53.94	2.74
	开—孔河流域	22.24	2.94	5.23	0.42	0.21	0.17	1.14	0.44	28.83	3.98
	塔里木河干流区	7.36	0.14	1.80	0.07	0.00	0.00	0.51	0.02	9.67	0.24
	合计	135.65	10.12	33.58	1.19	1.73	0.62	5.59	1.53	176.55	13.46
2006	和田河流域	16.47	0.95	6.90	0.24	0.15	0.11	1.35	0.20	24.86	1.50
	叶尔羌河流域	50.88	3.57	7.04	0.21	0.12	0.05	0.88	0.39	58.92	4.22
	阿克苏河流域	38.77	1.31	11.88	0.09	0.62	0.40	0.58	0.22	51.85	2.01
	开—孔河流域	23.76	1.79	6.45	0.40	0.54	0.23	0.83	0.41	31.58	2.84
	塔里木河干流区	9.08	0.05	2.47	0.01	0.00	0.00	0.14	0.01	11.70	0.07
	合计	138.97	7.67	34.74	0.96	1.43	0.79	3.77	1.22	178.91	10.64

资料来源：根据《新疆塔里木河流域水资源公报》（2001～2006）整理。

《新疆塔里木河流域水资源公报》（2001～2005 年）中的供水量资料统计为各地（州）及流域内兵团水利部门上报的基础数据，根据现状水平年 2004 年实际遥感资料分析的实际灌溉面积和需水量的计算情况分析，"水资源公报"总用水量的数据需要进行适当的调整，调整后的现状各业用水量统计见表 5 - 14。

表5-14 现状水平年塔河"四源一干"分行业用水情况统计

单位：×10⁸m³

分区	农业用水量		林牧用水量		城镇工业用水		城乡生活用水		总用水量	
	小计	地下水	小计	地下水	小计	地下水	小计	地下水	合计	地下水
和田河流域	15.27	0.95	4.89	0.24	0.38	0.11	0.42	0.20	20.96	1.50
叶尔羌河流域	53.30	3.46	7.13	0.16	0.20	0.15	0.78	0.32	61.41	4.09
阿克苏河流域	48.01	1.31	11.88	0.09	0.66	0.40	0.44	0.22	60.99	2.02
开—孔河流域	26.94	2.94	5.23	0.42	1.80	0.17	0.54	0.25	34.51	3.78
塔里木河干流区	11.47	0.05	0.17	0.01	0.00	0.00	0.09	0.01	11.73	0.07
合计	152.70	8.71	31.60	0.92	3.04	0.83	2.27	1.00	189.60	11.46

资料来源：新疆维吾尔自治区水利厅. 塔里木河流域"四源一干"水资源合理配置报告［R］，2007.

塔河"四源一干"农林牧业总用水量184.30×10⁸m³，占总用水量的97.20%，林牧用水量31.60×10⁸m³，占大农业用水量的17.14%；城镇工业和居民生活用水量只占总用水量的2.80%。叶尔羌河流域和阿克苏河流域总用水量占塔河"四源一干"国民经济总用水量的64.55%。

第四节 农业开发对流域水资源利用影响的生态环境效应

据有关资料统计，20世纪初，塔河流域及源流地区仅150×10⁴人，至90年代人口增至800×10⁴以上，人员载负量也由原来的每平方公里2人增加到10人以上，人口的密度已超出联合国的干旱地区人口每平方公里7人的指标。人口增长必然也增长了对水土资源的需求，在100多年的时间里，耕地面积至少增长了10倍。人类活动已超出了塔河流域生态环境的承载力，出现了许多生态环境问题，干旱、风沙、盐碱、沙漠化的荒漠环境成为塔河"四源一干"的主体景观。

一、农业开发导致流域水环境恶化

水是生态系统中最为重要的生态要素之一，水资源的消长变化直接制约着水域生态系统及相关生态系统的发育过程及演变趋势。塔里木河流域水质恶化主要由灌区农田高矿化度排水造成的，主要超标物是矿化度、总硬度、氯离子、硫酸根、氟化物等。塔里木河流域污染严重的河段主要是塔里木河干流（化学需氧量、氟化物超标）、和田河（化学需氧量超标）。总体来说源流水质较干流水质好。

塔里木河干流水质问题与源流区农业排水有关。自 20 世纪 70 年代初，塔里木河干流区的上中游大量林地、草地和湿地被开垦为耕地，农田灌溉面积大量增加，在耗水量增加的同时，也使干流水质逐渐恶化。从塔里木河主要干排的水质分析资料可以看出，对塔里木河水质影响最大的主要有位于塔里木河干流上游肖夹克附近的阿瓦提总干排、塔南干排、塔北截洪排以及地处新渠满下游的新和沙雅排干排出的高矿化度水。阿瓦提总干排年排水量 $1.924 \times 10^8 \, \text{m}^3$，水质平均矿化度高达 12g/L，年排盐量达 $230.9 \times 10^4 \text{t}$，见表 5 – 15。

表 5 – 15　塔里木河干流区上游主要灌区排盐状况

灌区	排水渠	排水量/×10^8m^3	排水平均矿化度（g/L）	总排盐量（×$10^4/\text{t/a}$）
阿瓦提灌区上部	老大河巴吾托拉克排水渠	2.00	2.28	684
阿瓦提灌区下部	阿瓦提哈塔排水渠	0.78	4.57	534
沙井子灌区	叶尔羌干排	1.67	9.57	2397
塔里木灌区	塔北干排	1.13	6.68	1129.5
	塔南干排	0.96	8.89	1279.5

資料来源：陈亚宁等. 新疆塔里木河流域生态水文问题研究［M］. 北京：科学出版社，2010.

过高的灌溉定额和粗放的灌溉方式使过多的地表水灌入耕地，土壤中的盐分通过排泄水大部分迁移到塔里木河，使干流区成为上游灌区排水溶泄区。同时，由于耕地面积的扩大而使化肥的使用量增加，也是干流区水质恶化的另一主要因素。大量的土壤盐分和化肥在农田排水过程中进入塔里木河，对干流区的水质产生严重的污染。

二、农业开发导致流域天然植被衰退

塔里木河流域干旱的大陆性气候，制约着森林植被的生长发育，由于干旱少雨，流域"四源一干"植被稀少，森林资源非常贫乏。流域水平分布有草原和荒漠植被；山地垂直地带性植被有荒漠、草原、森林、灌丛和冻原植被；隐性域植被有荒灌河岸林、盐生灌丛、低地草甸和沼泽等植物群落类型。植被类型主要以荒灌、灌丛植被为主，植被盖度一般在5%～20%，森林植被的覆盖率很低。

流域干流天然植被类型少、结构单纯，是我国植物种类最贫乏的地区之一。在植被区划中属暖温带灌木、半灌木荒漠区，分为河岸落叶阔叶林、温性落叶阔叶林灌丛、荒漠小乔木、半灌木、荒漠小半灌木、典型草甸、草本沼泽等植被类型，分属26科63属86种。以胡杨、灰杨为主的河岸林是塔河干流荒漠区的主体森林类型，也是我国胡杨林分布最集中的地区，在世界上占有极其重要的地位。灌木以柽柳属植物、铃铛刺、黑刺、白刺、梭梭为主；草本植物以芦苇、大花罗布麻、胀果甘草、花花柴、疏叶骆驼刺为主。植被的发育程度与分布、地形水系和水文地质条件密切相关。距河道越近，植物种类越丰富，生长也好，反之植物种类越单纯，生长也越差。

随着塔里木河流域干流区土地利用的变化，中、上游地区用水量的增加以及众多人工水库对水资源的拦截，下游特别是河流末端水源减少，流水作用过程减弱，地下水位降低。天然植被赖以生存的水资源得不到合理供给、造成了土壤干旱，植被对其环境逐渐由适应变为不适应。一些不耐干旱的浅根性草本植物衰败或死亡，并进一步危及灌木的生存。同时，耕地面积的不断扩大，占用了大量林地和草地，再加上人类不合理的利用林地和草地资源，致使干流区林草地面积减少，最终导致荒漠河岸植被衰败死亡，草地大面积退化。

100多年前，斯文·赫定在塔里木河上漂流的时候，他所穿越的是一片真正的荒野，仅有的居民是几个牧民和渔夫，具有茂密的胡杨林和灌木丛。1949年之后，先前的塔河河道上游被引流去灌溉阿拉尔周围的兵团农场，从此塔河水便流入了现在的河床。1950年前后，塔河沿岸还有$50 \times 10^4 hm^2$河岸林，到了1978年，其中2/3已经被毁。大多数被毁的河岸林都在塔河的上游和下游，也就是阿拉尔周围和尉犁县内，以及尉犁到铁干里克乡之间的兵团范围内，河岸林里土壤

非常肥沃，被视为开垦的最佳地点，而且树木被砍伐之后还可以用作建材和燃料。因此，从 20 世纪 50 年代开始，河岸林就因土地开垦大量被毁。土地开垦得越多，从塔里木河取水灌溉的需求就越大，结果塔里木河下游变得干涸，那里的胡杨林也大多死去。

据新疆林业局调查资料，塔里木河干流区胡杨林面积从 20 世纪 50 年代的 $45.98 \times 10^4 hm^2$ 减少到 90 年代的 $24.04 \times 10^4 hm^2$，减少了 47.72%，其中上游从 $23 \times 10^4 hm^2$ 减少到 $11.73 \times 10^4 hm^2$，减少了 49.00%，中游从 $17.58 \times 10^4 hm^2$ 减少到 $11.65 \times 10^4 hm^2$，减少了 33.73%，下游从 $5.4 \times 10^4 hm^2$ 减少到 $0.66 \times 10^4 hm^2$，减少了 87.78%，见表 5 - 16。

表 5 - 16　不同时期塔里木河干流区胡杨林面积

塔里木河流域	年代	面积（ $\times 10^4 hm^2$ ）
上游	50	23.0
	90	11.73
中游	50	17.58
	90	11.65
下游	50	5.4
	90	0.66
合计	50	45.98
	90	24.04

资料来源：冯起等．自治区林业厅调查资料．2004.

目前，塔河"四源一干"现有天然生态植被总面积为 $365.9 \times 10^4 hm^2$，占"四源一干"总面积的 20.83%，其中林地面积 $56.8 \times 10^4 hm^2$，草地面积 $291.9 \times 10^4 hm^2$，芦苇地面积 $17.26 \times 10^4 hm^2$。植被面积以叶尔羌河流域分布面积最大，占"四源一干"的 30.82%，其次为干流区占 14.60%，阿克苏河流域和开—孔河占 37.21% 左右，和田河流域最少占 10.97%。

三、农业开发导致流域土地荒漠化

塔里木河面积最大的是沙地和戈壁，其次是灌草地、裸地和盐碱地。平原区土壤类型以棕漠土、灰漠土、风沙土、栗钙土等为主。土壤除风沙土外，主要为水成型土壤。流域土壤主要为胡杨林土、草甸土、沼泽土、盐土、残余沼泽土、残余盐土、龟裂土、风沙土和绿洲土组成。流域农业的迅猛发展，把大量的水截流，由于大水漫灌，农田灌排设施不健全，造成大面积耕地次生盐碱化。与此同时，又造成下游水量减少，河流断流，湖泊干涸，荒漠植被衰败死亡，土地沙漠化加剧，并进而威胁绿洲安全。这种无序的水资源利用方式直接导致了上游盐碱化与下游荒漠化的环境劣变，并造成水资源和土地资源双重浪费。

由于灌溉不当、防渗措施低等水资源利用不当原因，造成地下水位升高，土壤发生次生盐渍化。在地势低洼、排水不畅区域盲目开垦的耕地，灌溉用水既无控制工程，又缺乏科学管理体系，到处跑水，大水漫灌，加之重灌轻排，排水渠体系不健全，渠道淤积阻塞，排水不畅，使地下水位上升，土壤次生盐渍化加重，部分田地被迫弃耕。据统计，仅塔里木河上中游河段的跑（引）水口就多达138处，其中90%的引水口没有永久性控制工程，水资源浪费十分严重，耗水量不断增加，使地下水位不断抬升，沿岸冲积平原绿洲土壤盐渍化程度不断加剧。据统计，流域内发生盐渍化的耕地面积占全部耕地面积的48%，尤以喀什噶尔河流域、焉耆盆地等区域的盐碱危害最为严重。调查发现，焉耆灌区各类盐碱化面积中轻盐渍化以上面积占44%；阿克苏河流域内，盐渍化面积为 $17.7 \times 10^4 hm^2$；叶尔羌河流域平原区，上、中和下游灌区盐碱化面积占耕地面积的比例分别为45%、80%和95%；和田河流域平原灌区盐碱地占耕地面积的24.8%。塔里木河干流盐渍化面积占耕地面积的40%~60%，盐渍化指数以干流中下游较大。

同时，由于流域开垦土地的土壤肥力相对较低，农业开发长期只种不养或重用轻养，导致耕地质量下降，也容易造成耕地废弃，最终导致土地沙漠化、盐渍化。流域上游阿拉尔垦区的耕地有机质及全氮平均含量分别为 $10.8g/kg$ 和 $0.56g/kg$；下游卡拉—铁于里克灌区有机质和全氧分别为 $12.2g/kg$ 和 $0.64g/kg$，化验分析表明，有机质含量呈下降趋势。流域主要分布的怪柳林土、风沙上、草甸上、胡杨林土、盐土、潮土及水稻土等有机质含量大多相对较低，影响土地生产力的提高，进而导致流域沙漠化的形成。

根据1959年和1983年航片资料分析，24年间，塔里木河干流区域沙漠化土地面积从 66.23% 上升到 81.83%，上升了 15.6%。其中流动沙丘、沙地的严重沙漠化土地上升了 39%。塔里木河下游土地沙漠化最为强烈，24 年间沙漠化土地上升了 22.05%。特别是 1972 年以来，大西海子以下长期处于断流状态，土地沙漠化以惊人的速度发展。土地沙漠化导致气温上升，旱情加重，大风、沙尘暴日数增加，植被衰败，农田及村庄被埋没，严重威胁流域生存和发展。

第六章 流域水土资源开发
利用失序的成因

第一节 分割管理与九龙治水导致流域
"抽刀断水水不流"

水资源是一种动态的资源，是流动的资源，一个流域的上中下游、地表水、地下水是相互联系、相互影响的。俗话说"抽刀断水水更流"，就是反映水资源作为一个流动资源的特性，而且也反映了流域的特性。但是，塔里木河流域水资源被流域与区域、区域与部门，以及流域的源流与干流，和干流上、中、下游分割管理，就像一把又一把的刀把流域分割开来，导致流域"抽刀断水水不流"。

一、跨流域的源流与干流管理体制分割

1. 流域管理被区域管理分割，导致流域与区域博弈

塔里木河流域管理局自成立以来，先后成立了塔里木河干流上游和中、下游两个灌区管理委员会，塔里木河干流上游灌区管理委员会主任由塔管局主管水管工作的副局长兼任，副主任由塔管局阿管处、阿克苏地区水利局领导以及沙雅县和库车县人民政府主管水利工作的领导、渭干河流域管理处负责人兼任。委员由沙雅县和库车县水利局局长及水管总站站长、司法厅沙雅监狱领导、帕满水库管理站站长、用水户代表以及塔管局阿管处下属各站站长兼任。灌委会下设办公室，负责处理日常工作。办公室设在塔管局阿管处。上游灌区管辖范围为塔里木

河上游三河汇合口肖夹克至阿克苏地区与巴州行政区域界限。

塔里木河干流中、下游灌区管理委员会主任由塔管局主管水利工作的副局长兼任，副主任由塔管局巴州管理处、巴州水利局、农二师水利局负责人以及库尔勒市、轮台县和尉犁县人民政府主管水利工作的领导兼任，委员由轮台县和尉犁县水利局局长及水管总站站长、库尔勒市水务局局长及水管总站站长、农二师有关水管单位负责人及用水户代表以及塔管局巴管处下属各站站长兼任。办公室设在塔管局巴管处。中、下游灌区管辖范围为塔里木河阿克苏地区与巴州行政区域界限至塔里木河尾闾。

但是，流域管理体制被区域管理分割。区域管理是水土利益直接享有者，也是流域的区域管理者，流域管理与区域管理进行着利益与管理的博弈，而通常区域管理更容易落到实处。区域水行政主管部门的职能和权限是区域政府授予的，它只对区域政府负责，而流域管理的职能仅限于协调管理，对区域行为缺乏直接、有效的限制。由于流域监控不到位，各地州和生产建设兵团发挥管理职能的权限和承担的责任没有得到有效规范，以自身利益为中心，有令不行，有禁不止的现象十分普遍，形成了区域利益对流域公共利益的侵夺。区域内普遍存在盲目开垦荒地、过度开发水资源，规避对水资源开发利用的社会成本、强化区域水资源自然垄断优势等现象。

2. 流域管理体制被源流与干流分割，以及被上中下游分割

塔里木河流域管理局实际上只下设了干流上游（阿克苏）管理处和干流中下游（巴州）管理处，各源流的流域管理机构和灌区管理机构合二为一，分属各地州政府直接管理，兵团各农业师也有同样一套并行的直属管理机构。干流管理处的管理权限也仅限于塔河干流，缺乏对全流域内各地、州，兵团及相应水管单位的约束机制和必要的决策权、裁决权和监督权，使流域内各项方针、政策、法规得不到具体落实和实施，流域管理和区域管理无法协调，也使流域水资源统一管理难以实现。这种缺乏区域统筹管理的体制，严重地制约着流域协调管理与发展。

流域管理机构既不管人，也不管钱，也不管控制性工程，同时又缺乏强有力的监控手段，在遇到地方利益、部门利益与流域利益有冲突时，水资源统一调度的指令根本得不到保证。由于管理体制的先天不足，在协调处理干支流之间、上

下游之间的水事务方面并不太有效。水资源管理机构的职责在横向与纵向均存在分割现象，流域统一管理与地方行政区域管理、政府行为的水行政管理与兵团部门的用水管理存在分割。流域的全局利益、长远利益，与区域和部门的局部利益、眼前利益的矛盾始终难以协调。

2005年修订后的《条例》明确规定了，在实行"流域管理与区域管理相结合的水资源管理体制"基础上，"区域管理应当服从流域管理"，但长期以来，以地域为单元的区域管理观念仍然较深，使源流与干流、上游与下游、地方与兵团、生产与生态的用水关系难以协调，流域内非法开荒、侵害水权权利和水资源浪费问题仍然比较严重，流域管理与区域管理之间的矛盾仍没有得到解决。

二、跨区域地方与兵团管理体制分割

地方和兵团各自为政，分割管理的行政管理体制，也是导致土地开发"公地悲剧"的重要原因之一。新疆生产建设兵团是一个特殊的行政组织机构，在各地州所属的辖区内划地为界，积极强调自身所应有的政府行政职能和水行政管理的独立性。这种同一个区域、不同隶属关系的两套管理体制，同一级行政辖区内并存两种土地管理体制，都拥有执法权力。不同的行政权力实体基于"理性人"的利益，自主利用配置资源，不从全局整体的角度考虑土地资源的开发利用，导致行政分割管理。不同行政主体在部门利益的驱动下，通过法律、行政、工程等多种措施进行利益争夺，造成水资源管理秩序的混乱，使水资源的综合效益与功能受到割裂，水资源的自然属性被人为利益关系扭曲，从而经常性地发生土地纠纷，而且不顾及水资源和环境的承受能力，不考虑对干流或下游地区的影响，持续大量地挤占生态环境用水。

兵团和地方都是流域管理的重要组成部分，都必须服从流域水资源统一管理，而且流域治理的各项措施最后都由他们来具体实施，其主要职责是：贯彻落实流域水利委员会的决策决议；在分配用水总量限额内，负责本区域和本部门水资源的统一调配和管理，接受塔里木河流域管理局的监督检查；在流域统一规划指导下，负责本区域水资源的开发利用、治理和保护；区域用水管理实行行政首长负责制，并建立行政首长责任追究制度。然而，由于兵团和地方在流域、区域内交叉分布，所以在水资源管理、水利工程管理、河道管理等诸方面都存在职能交叉和分割管理的问题。

自 1992 年《新疆维吾尔自治区实施〈水法〉办法》及 1994 年《新疆维吾尔自治区取水许可制度实施细则》实施以来，新疆各级水行政主管部门积极开展取水许可管理。兵团水利局也成立了水政水资源处，先后多次发文要求各师开展水资源管理，直接发放取水许可证，并且导致已经领取取水许可证的兵团单位反复出现，很多兵团单位不承认已经申领的取水许可证，不接受地方人民政府水行政主管部门的管理。这与《新疆维吾尔自治区取水许可制度实施细则》的规定是相矛盾的。目前，绝大多数河流地表水分配主要沿用历史上形成的分水协议，分水比例难以改变，水量统一调度仍然非常艰难，水资源优化配置难以实现。地下水开发各自为政，兵团团场内的地下水取水许可管理还缺乏有效措施。

三、农业、水利与生态多头管理机制分割

为加强流域水资源统一管理，1992 年自治区人民政府成立了塔里木河流域管理水利委员会塔里木河流域管理局，设立了塔里木河流域水利委员会，负责流域水资源的统一管理。但长期以来，塔里木河流域水资源分属各地、州、兵团等多方面分别管理，没有形成统一的管理机构和建立有效的制约机制。流域内管理水、土资源与生态环境的机构，分别隶属于农业局、土地局、水利局、环保局、林业局、畜牧局，以及相关规划部门，水、土资源的多头管理造成管理机制交叉重叠，或存在均不管的真空区域。而各个部门管理权限不一，管理利益不均等，各个部门难以在流域发展问题上和水、土资源利用问题上达成一致。

尽管塔里木河流域各源流的水管机构建设逐步建立健全起来，水管部门已逐步享有自主权的，能实行事业单位企业管理的经济体制。但在行政上，水管部门依然隶属于各地，未摆脱区域管理模式。塔里木河流域地跨五个地（州）和兵团四个师，流域水资源分属各地（州）、兵团等多部门管理，国民经济与生态系统之间，地区间和部门间用水矛盾尖锐，流域内整体与局部以及上下游关系协调和利益调整极为复杂，没有形成统一的管理机构和有效的管理体制。

目前，流域内共有水管机构 7 个分别隶属于自治区和各地、州的水行政主管部门，由它们负责各自灌区的用配水管理。这使得流域用水管理存在用水管理机

构众多，各自为政，用水矛盾突出，以及流域管理和区域管理关系不协调等问题。由于源流"多龙管水、诸侯割据"的局面长期形成，特别是长期形成的以地域为单位的区域管理观念较深，使塔管局对流域水资源不能有效实施统一调度、合理配置。

第二节　多重利益主体博弈与公共物品产权流失导致水土开发失序

由于塔里木河流域流线长、跨区广等特点，必然造成对水土公共物品的分割管理。由于流域的荒地和水资源具有公共物品和准公共物品属性，其产权在分配使用上不能做到完全排他性，而分割管理又必然导致对公共物品产权的分割，公共物品缺乏理性产权代理人，导致"公地公水悲剧"及公共产权流失；流域的分割管理产生了不同利益主体，导致各分割利益主体的博弈，分割利益主体为了获取公共物品利益进行着盲目开荒和无序引水的博弈，不惜以牺牲生态环境为代价，严重影响着流域的可持续发展。

一、水土资源的公共物品属性容易形成"公地公水悲剧"

公共物品是指具有消费非竞争性和消费中无排他性特征的物品。而当物品具有较大的外部影响时，则被称为"准公共物品"。如果不对公共资源的使用作出明确限制，公共资源的配置只能是低效率的配置。加雷特·哈丁（G. Hardin）于1968年发表了《公地的悲剧》，指出公共物品的产权开放性容易导致对资源的普遍滥用和环境资源消费者的"搭便车"现象。

加雷特·哈丁提出：作为理性人，每个牧羊者都希望自己的收益最大化。在公共草地上，每增加一只羊会有两种结果：一是获得增加一只羊的收入；二是加重草地的负担，并有可能使草地过度放牧。经过思考，牧羊者决定不顾草地的承受能力而增加羊群数量。于是他便会因羊只的增加而收益增多。看到有利可图，许多牧羊者也纷纷加入这一行列。由于羊群的进入不受限制，所以牧场被过度使用，草地状况迅速恶化，悲剧就这样发生了。

1. 流域水土资源的公共物品属性，容易形成"水土公共悲剧"

塔里木河流域的水资源、荒地、生态环境等都可划入公共物品或准公共物品。我国水资源在所有权上是属于国家的，但在使用、初始分配上不是很明确的，水产权不能做到完全排他性，容易形成"公地悲剧"。一个流域如果水权缺乏明晰的界定，引水不加限制，其必然成为共享性的资源，被过度地、无节制地开发利用。塔里木河流域的水资源开发利用的"公地悲剧"主要集中表现在以下几个方面。

（1）2001年流域综合治理之前，水资源事实上为共同所有，源流与干流、地方与兵团用水无明确的限制，虽然1991年完成的《塔里木河干流轮廓规划》提出了分水比例，但规划根本无法实施，最终造成各源流汇入干流的水量持续减少。

（2）1991年流域管理局组建之前，塔里木河干流河道处于无人管理的混乱局面，随意扒口引水，随意拦河筑坝，随意毁林开荒，造成上、中游河段耗水急剧增加，下游上段大西海子水库完全阻断河流，下游中、下段河道彻底断流。

（3）流域土地开发的"公地悲剧"，进一步加剧了水资源开发利用的"公水悲剧"，流域灌溉农业用水占用水总量的96%，远高于全国的平均水平（64%），农业用水大量挤占了生态环境用水。盲目不断的大规模开荒，必然导致水资源的过度利用，最终造成"水土公共悲剧"连锁演替。

2. 公共物品缺乏理性产权代理人，导致"公地悲剧"或公共产权流失

公共物品容易出现"公地悲剧"，而且难以纠正。由于流域水土公共资源与生态环境无"理性人"代表，也就是没有产权代理人，而涉及水土资源利益的各部门和各利益主体都有各自的"理性人"参与"公地、公水"资源的竞争，不惜以牺牲生态环境为代价，都抱着"你抢占一点，我也抢占一点"、"你捞一把，我也捞一把"的心态，最终造成生态环境的"公地悲剧"。这种公共物品在没有利益之前，一般是缺乏理性代理人的，一旦涉及利益就都愿意当代理人，而且不惜争当代言人及获取公共物品利益而进行博弈，比如荒地在没有利用的时候没有人管，而一旦开垦或看到开垦利益后就有人争先恐后地去管；公共物品一旦没有涉及利益关系，不仅没有其真正的产权代理人，而且容易造成行为外部性，

比如生态环境。因此，凡是具有"公共物品"属性的资源都应明确产权，明确产权代理人，公共物品没有产权代理人就形成"国家所有，人人所有，又人人没有"的公共悲剧或公共产权流失。

由于水土资源与生态环境都缺乏理性产权代理人，因此，水土资源和生态环境保护均容易处于无序的开发状态。随着农业开发规模的不断扩大，农田灌溉用水不断改变着流域水资源分配格局；农业用水不断挤占生态环境用水，部分地区水资源开发利用严重超过可持续发展承载力，生态环境系统不断恶化。在 1999 ~ 2004 年的 5 年中，塔里木河流域"四源一干"共新增耕地 $17.71 \times 10^4 hm^2$。2005 年实际灌溉面积要比流域规划控制要求的灌溉面积超出 $29.53 \times 10^4 hm^2$。新增灌溉面积中，绝大部分为新开垦地。

虽然 2005 年新疆维吾尔自治区人民政府发布了《关于报送塔里木河流域违法开荒情况的紧急通知》，但各部门开荒现象仍屡禁不止。《塔里木河流域管理条例》第八条明确规定："流域内严格控制非生态用水，增加生态用水。在塔里木河流域综合治理目标实现之前，流域内不再扩大灌溉面积。未经国务院和自治区人民政府批准，严禁任何单位和个人开荒。"但是，有法不依、违法不究的问题相当严重，形成了法不责众的局面。流域呈现出边治理、边开荒，边节水、边增加耗水的尴尬局面。

二、多重利益主体的博弈行为影响流域可持续发展

塔里木河流域区域分割现象表现较为突出，分割管理产生了不同利益主体，由此产生的利益主体博弈行为也较为突出。分割利益主体为了获取公共物品利益进行着多重利益主体的博弈行为，主要表现在以下几方面：

1. 流域管理局与自治区、兵团三种管理体制的博弈

流域表现为三种体制的博弈主要是塔里木河流域管理局、新疆维吾尔自治区行政体制、新疆生产建设兵团管理体制，这个体制并存的现象可以说在全世界都是比较罕见的。塔里木河流域管理局理论上是管理流域的整个水域和区域，但实际上整个流域是被分割成自治区 5 个地（州）的 42 个县（市）和兵团 4 个师的 55 个团场。这 42 个县市和 55 个团场才真正拥有对流域水土公共物品的实际产权，他们在开发利用水土资源中可以进行具体的操作。

因此，塔里木河流域管理局既想对流域水土资源进行宏观调控，但这种宏观调控一旦涉及兵团和自治区下辖行政区域的利益，宏观调控往往变得苍白无力。另外，流域内存在的两套行政体制，在获取水土资源的同时不可避免地产生了利益博弈。比如，同一条河流，假如河流左边的是地方的县市，右边的是兵团的团场，那么就肯定存在双方拼命去获取水资源这个公共资源，谁要是少获取了水资源谁的利益就会受到损失，而流域管理局想要在这两个行政体制间确定个水权比例很难做到，也很难落实。

2. 管理水土公共物品的不同行政管理机构的博弈

同时，流域即使在同一个行政体制下，还存在不同机构利益的博弈。流域内管理水、土资源与生态环境的机构，分别隶属于农业局、土地局、水利局、环保局、林业局、畜牧局，以及相关规划部门，水、土资源的多头管理造成管理机制交叉重叠。管农业的部门其利益是以农业经济最大化为基本原则，管土地的为土地利益最大化为原则，管水利的以水利资源可持续利用为原则，而管生态的为生态环境最优化为原则，以及管林业的以林业利益最大化为原则。这些部门中不仅有利益重叠的，而更关键的是利益的交叉博弈，以及相互利益的冲突和矛盾。博弈的核心也是水土公共物品，都想以水土利益最大化，或都想以水土为基本依存条件，结果造成各部门对水土利益的侵蚀。

塔里木河近期综合治理工程主要目标是改造和建设水利灌溉设施，实施农业节水，通过源流节水及限额用水，实现向干流增加水量的目的；在源流治理的同时，通过干流综合整治、灌区节水改造和退耕封育农田，有效调控干流上、中、下游水资源合理配置，实现大西海子断面下泄生态水量，恢复下游绿色走廊的目标。然而，2001 年综合治理工程正式启动以来，由于区域行政部门为了自身的发展利益和部门利益，有些项目的规划设计方案与流域治理目标严重相违，普遍存在实际控制灌溉面积大于原规划设计方案（大部分为开荒增加面积），实际引水量大于总控制引水量的情况。

3. 流域发展经济与进行生态环境保护的博弈

塔里木河流域属于生态贫困区，这个区域里不仅生态环境脆弱，而且经济极其贫困，属于少数民族聚居区。这个区域里是按照可持续发展原则进行生态环境保护，还是大力发展经济摆脱贫困是摆在区域决策者面前难以调和的难题。一方面，政府不能把各市县、团场的经济发展因为生态环境而限制过死；另一方面，政府又担心经济过热发展，特别是大规模的水土开发，造成水资源过度利用和生态环境进一步恶化。在这种心态驱使下，政府一边下令严禁开荒，一边又要求在环塔里木盆地周边大规模建设优质棉基地和特色林果业基地。但这二者之间本身就存在冲突和矛盾。

但是，在经济发展与生态环境保护的博弈中，经济发展毕竟放在了第一位，因为在对区域行政领导的考核中，其主要的考核指标就是 GDP，这个决定着官员的升迁。生态环境在考核中并没有放到经济发展这么高的位置，而且生态环境考核缺乏可量化的考核指标，也难以有经济发展这么量化的成绩，因而往往处于从属的地位。同时，新疆南疆地区的经济发展和人民生活水平提高关系着新疆的团结稳定，关系着国家核心利益，目前也只能先着眼发展，大力解决民生问题和发展问题，尽量减少对水土资源利用的外部性影响，逐步保护和恢复生态环境。

由于在生态恢复与经济发展的博弈中，存在流域经济系统与荒漠生态系统两大竞争性用水户，经济发展与生态恢复进行着抢夺水资源的博弈，而这种博弈往往以牺牲生态环境为成本。流域过度强烈的农耕意识，使人们一提到开发，就想到开荒，而且首先就是向生态过渡带开荒，因为这一地带，土壤、交通、水源条件相对较好，投入成本较低。这样做的结果是，荒漠植被被大面积破坏，导致荒漠化加剧，土地退化现象普遍发生，并而且进一步威胁绿洲的生态安全。大片荒地、荒漠草场被开发为耕地，使原本就很脆弱的生态平衡遭到破坏。

因此，流域存在发展与保护，以及不同利益主体的博弈，这种博弈的结果往往以牺牲水土资源和生态环境为代价，以牺牲可持续发展为代价，严重影响着流域的可持续发展。特别是在 2009 年后，国家加大了对南疆的投资力度，各省市也对口支援新疆特别是南疆建设，南疆的发展明显加快，各地工程纷纷上马，水土资源开发力度进一步加强，这样就不可避免地破坏了已有的生态平衡，有些地方其经济发展热度和经济发展方式已经大大超过了水资源和生态环境的承载力。

4. 流域源流及干流上中下游不同区域的博弈

河流理论还不同于"公共池塘"理论，河流是流动的，是分上下游的。塔里木河流域分为源流与干流部分，干流部分又分为上中下游部分。在流域不同流域段的博弈中，流域源流占尽地利优势，因为这里水源充足可以进行大量的水土开发活动，而且消费具有非竞争性和非排他性特征，属于真正的公共物品。同样，在干流的上游也具有同样的优势。因而塔里木河流域源流与干流在与流域中下游的博弈中属于占优博弈，这些区域挤占了大量本属于中下游水权的利益，导致中下游水土资源开发利用与生态环境保护处于极度劣势地位。

塔里木河干流自身不产流，主要靠源流 6 ~ 8 月洪水期补充。要满足农业用水，需要修建大量的水库调蓄洪水。而大型水库和水利工程的建设极大地干扰和影响了河道变迁、生态环境的演变，同时也改变了流域的生产力布局，使原本不能进行灌溉生产的地方可以进行农业生产，造成流域上中下游与不同区域抢占水资源。而且流域水、土资源的低成本和公共物品属性，导致农业开发利用水资源行为不顾成本，只追求效益。如种植一亩粮食所消耗的水量，干流中下游地区要比在源流区多用水 3 ~ 5 倍，用水效率仅相当于源流区的 20% ~ 30%；干流区平原水库大量的无效蒸发，库区渗漏造成大面积土壤盐渍化，水土资源浪费严重；自然生态植被被砍伐破坏和开垦，生态环境用水被挤占。

特别是流域源流用水挤占干流用水，干流上游用水挤占中下游用水现象十分突出，流域不同区域间的利益博弈，导致水土资源开发失序和水资源分配不平衡。2000 ~ 2007 年，在向塔里木河下游生态输水过程中，兵团农二师新增灌溉面积 $1.44 \times 10^4 \mathrm{hm}^2$，其中相当一部分面积种植的是水稻。流域综合治理的成效和源流连续丰水年景应当产生的生态效益，几乎全被大量新开垦的荒地所抵消。原本规划进行恢复生态，但流域人口增加与发展经济挤占了生态环境的水资源，严重影响了流域的可持续发展。

三、公共物品缺乏产权代言人导致产权利益的博弈

由于流域的荒地和水资源具有公共物品和准公共物品属性，其产权在分配使用上不能做到完全排他性，公共物品缺乏理性产权代理人。我国法律规定水流等自然资源都属于国家所有，即全民所有。在一个法制国度里，水土等资源要么属于自然人，即个人所有，要么属于法人所有（国家所有也应是以法人的形式所有），根本不存在虚幻的集体所有（邓聿文，2007）。因此，缺少为水土资源、生态环境等公共物品的代言人，当这些公共物品产权和利益受到损害时，就不能像私人物品一样有人直接去诉求利益，导致"公地公水悲剧"及公

公共物品管理视角下的塔里木河流域水土资源开发利用

共产权流失。

1995 年以前，塔里木河干流基本处于原始状态，沿岸可以随意取水，流域长期以来根本无水权关系可言。2003 年新疆维吾尔自治区政府虽然批准实施《塔里木河流域"四源一干"地表水水量分配方案》，但流域综合治理工程尚在进行过程中，初始水权的管理目标短期内难以达到。各源流在地方与兵团之间的水量分配管理、源流与干流的水量分配管理，以及取水许可申请审批和监督管理都比较粗放，取水许可制度缺乏有效性和应有的科学性。

1. 流域逐步建立了水权管理体系

1999 年，新疆实施《新疆塔里木河流域各用水单位年度用水总量定额》，用水总量定额确定了塔里木河干流各用水单位年度用水总量指标。塔里木河流域实施限额用水后，每年年初由流域水利委员会常委会核定干流各用水单位年度用水量，并与他们签订用水协议，由流域管理局负责监督执行。流域干流水权管理主要由流域管理局实行宏观管理，流域管理局阿管处和巴州管理处依据下达的用水指标，分解到县、市和农二师。沿岸各县、市和农二师按照流域管理局阿管处和巴州管理处下达的用水指标用水。

自 2000 年实行塔里木河适时水权供水制度以来，流域各地州、兵团（师）以及各县（市），最后到各乡（镇）等形成一条层层管理链条。由自治区塔委会向流域各地州、兵团（师）下达限额用水指标，继而向下一级接一级地计划限额分配，签订责任状，确保适时水权管理的顺利实施。对违反用水协议，不执行水量分配预案，不服从水量统一调度，超出用水限额取水的处罚，对节约用水单位的奖励。

2. 各区域的博弈行为导致水权落实出现偏差

《塔里木河流域"四源一干"地表水可供水量分配方案》是一个按河流天然来水量丰枯变化分配水量的初始水权方案。丰水年增加，枯水年减少，以期达到多年平均的水量要求。然而，现行的水量调度、水权管理，并没有在以上水权分配基本方案的基础上，按照源流天然来水的丰枯变化情况，研究制定"丰增、枯减"的年度实施水权管理方案。各区域的博弈行为导致水权管理制度在塔里木河流域还未得到真正的执行，可供操作执行的水权分配及管理方案并未实际应用。源流仍不断地大量挤占干流水权，使用权挤压所有权、资源的经济效益挤压生态环境效益,各经济主体为了自身的利益,盲目追求短期效益,屡禁不止地大量开垦荒地。干流实际来水量与初始水权的偏差率继续拉大。

根据上游三源流天然来水量及其频率分析,按照"四源一干"初始水权分配要求,1999~2005年上游三源流来水汇入干流阿拉尔断面水量及其水权偏差率分析,见表6-1。按照初始水权的要求,2000~2005年上游三源流挤占干流水权5.49~20.99×10^{8}m^3。总的来看,阿克苏河流域挤占干流水量的情况最为严重,对塔里木河干流所造成的影响也最大;和田河在丰水年景到达干流的水量基本能达到初始水权的要求,但在平水年或枯水年仍存在挤占干流水量的现象;叶尔羌河下泄干流的水量仍很不正常,其下游河道亟须整治。

表6-1　三源流来水汇入干流阿拉尔断面水量及其水权偏差率分析

河名	年份	三源流径流量/×10^{8}m^3	来水频率/%	年景判别	初始水权应下泄量/×10^{8}m^3	实际下泄量/×10^{8}m^3	实际与初始相差/×10^{8}m^3	偏差率/%
阿克苏河	2001	90.77	13.6	偏丰	45.60	31.48	-14.12	-30.96
	2002	102.59	2.7	丰	49.01	46.43	-2.58	-5.26
	2003	98.58	4.8	丰	48.36	32.18	-16.18	-33.46
	2004	87.34	22.2	偏丰	42.91	27.18	-15.73	-36.66
	2005	92.18	9.1	丰	46.13	37.16	-8.97	-19.45
	平均	94.29	—	—	46.40	34.89	-11.52	-24.82
和田河	2001	51.70	22.6	偏丰	16.11	13.71	-2.40	-14.90
	2002	43.39	48.2	平	9.74	8.58	-1.16	-11.91
	2003	48.83	31.3	偏丰	13.94	12.80	-1.14	-8.18
	2004	35.82	75.7	偏枯	6.19	2.30	-3.89	-62.84
	2005	53.62	16.2	偏丰	17.70	17.48	-0.22	-1.24
	平均	46.67	—	—	12.74	10.98	-1.76	-13.79
叶尔羌河	2001	73.02	28.6	偏丰	5.25	0.53	-4.72	-89.90
	2002	61.02	59.4	平	2.06	0	-2.06	-100.00
	2003	64.76	49.2	平	3.37	0	-3.37	-100.00
	2004	57.77	69.8	平	0.28	0	-0.82	-100.00
	2005	81.38	11.4	丰	6.82	2.54	-4.28	-62.76
	平均	67.79	—	—	3.67	0.61	-3.06	-83.38

续表

河名	年份	三源流径流量/ ×10⁸m³	来水频率/%	年景判别	初始水权应下泄量/ ×10⁸m³	实际下泄量/ ×10⁸m³	实际与初始相差/ ×10⁸m³	偏差率/%
塔里木河干流	2001	215.49	21.2	偏丰	66.96	45.97	-20.99	-31.35
	2002	207.00	27.0	偏丰	60.81	55.32	-5.49	-9.03
	2003	212.17	24.9	偏丰	65.67	44.72	-20.95	-31.90
	2004	180.93	54.5	平	49.92	30.29	-19.63	-39.32
	2005	227.18	8.4	丰	70.65	55.71	-14.94	-21.15
	平均	207.68	—	—	62.80	46.41	-16.39	-26.10

资料来源：邓铭江. 中国塔里木河治水理论与实践 [M]. 北京：科学出版社，2009. 注：阿克苏河来水量为协合拉与沙里桂兰克水文断面来水量；和田河来水量为同古孜洛克与乌鲁瓦提水文断面来水量；叶尔羌河来水量为卡群水文断面来水量。

阿拉尔水文站设立于 1956 年，位于阿克苏河、叶尔羌河、和田河汇合口肖夹克以下 48km 处，是塔里木河 3 条源流汇入塔里木河干流的控制站。实测多年平均年径流量 $45.92 \times 10^8 m^3$。20 世纪 50 年代平均径流量为 $49.45 \times 10^8 m^3$，90 年代减少到 $42.52 \times 10^8 m^3$，40 年来减少了 $6.93 \times 10^8 m^3$，平均每年以 $0.16 \times 10^8 m^3$ 速率减少。21 世纪初的 6 年中，由于源流来水处于丰水期，故平均径流量增加到 $44.65 \times 10^8 m^3$，但仍低于多年平均径流量。塔里木河三源流、阿拉尔站实测水量、相应频率、水文年景判别及相应塔里木河干流水权水量，以及本应落实的水权和水权水量偏差率见表 6-2。

表 6-2　塔里木河三源流逐年来水量（水文年）分析

年份	三源流年径流量 (×10⁸m³)	对应频率 (%)	水文年景判别	阿拉尔站实测水量 (×10⁸m³)	对应频率 (%)	水文年景判别	塔里木河水权水量 (×10⁸m³)	实捌水量与水权水量差值 (×10⁸m³)	水权水量偏差率 (%)
1957	154.5	85.8	偏枯	48.26	40.0	平	33.99	14.27	42.0
1958	159.7	79.2	偏枯	47.66	41.5	平	35.60	12.07	33.9
1959	195.6	38.6	平	46.64	44.1	平	48.85	-2.21	-4.5

续表

年份	三源流 年径流量 （×10⁸m³）	对应频率 （%）	水文年 景判别	阿拉尔站 实测水量 （×10⁸m³）	对应频率 （%）	水文年 景判别	塔里木河 水权水量 （×10⁸m³）	实捌水量 与水权 水量差值 （×10⁸m³）	水权水量 偏差率 （%）
1960	187.1	—	平	55.22	23.6	偏丰	46.63	8.59	18.4
1961	226.8	—	丰	65.45	5.1	丰	61.11	4.34	7.1
1962	160.0	78.7	偏枯	49.97	35.7	偏丰	33.31	16.66	—
1963	161.1	77.4	偏枯	42.14	56.5	平	34.17	7.97	23.3
1964	163.5	74.4	偏枯	52.45	29.8	偏丰	38.27	14.17	37.0
1965	138.5	96.9	枯	36.41	74.3	偏枯	27.78	8.63	31.1
1966	199.7	34.5	偏丰	57.53	18.6	偏丰	58.07	-0.53	-0.9
1967	204.9	29.3	偏丰	64.81	5.4	丰	55.65	9.17	16.5
1968	184.6	50.1	平	46.32	45.0	平	48.65	-2.32	-4.8
1969	185.1	40.7	平	49.07	37.9	平	51.42	-2.35	-4.6
1970	180.6	54.6	平	39.36	64.8	偏枯	45.91	-6.55	-14.3
1971	200.7	33.5	偏丰	55.79	22.3	偏丰	50.99	4.80	9.4
1972	148.7	93.4	枯	42.79	54.6	平	31.59	11.20	35.4
1973	221.0	14.2	偏丰	49.95	135.8	偏丰	63.55	-13.60	-21.4
1974	165.8	71.6	偏枯	40.49	61.4	平	36.07	4.42	12.3
1975	161.8	76.6	偏枯	31.25	92.9	枯	34.17	-2.92	-8.5
1976	161.7	76.7	偏枯	31.08	93.6	枯	34.18	-3.10	-9.1
1977	202.1	32.1	偏丰	48.19	40.1	平	54.14	-5.95	-11.0
1978	235.9	5.1	丰	69.17	3.6	平	74.87	-5.70	-7.6
1979	166.9	70.3	偏枯	37.99	69.1	偏枯	36.78	1.20	3.3
1980	164.2	73.5	偏枯	38.46	67.6	偏枯	38.73	0.27	-0.7
1981	195.1	39.1	平	59.10	15.3	偏丰	56.20	2.90	5.2
1982	176.8	58.8	平	43.88	51.6	平	40.82	3.06	7.5
1983	189.4	45.1	平	47.34	42.3	平	47.27	0.07	0.1
1984	198.9	35.2	偏丰	50.09	35.4	偏丰	52.77	-2.69	-5.1
1985	171.0	65.5	偏枯	31.21	93.0	枯	38.35	-7.15	-18.6
1986	174.7	61.2	平	45.31	47.7	平	41.11	4.19	10.2
1987	160.0	77.6	偏枯	45.79	46.4	平	37.88	7.91	20.9
1988	195.3	38.9	平	51.87	31.2	偏丰	50.40	1.48	2.9

续表

年份	三源流年径流量（×10⁸m³）	对应频率（%）	水文年景判别	阿拉尔站实测水量（×10⁸m³）	对应频率（%）	水文年景判别	塔里木河水权水量（×10⁸m³）	实捌水量与水权水量差值（×10⁸m³）	水权水量偏差率（%）
1989	149.6	92.2	枯	36.95	72.5	偏枯	32.56	4.39	13.5
1990	200.3	33.8	偏丰	40.16	62.3	平	54.15	-13.99	-25.8
1991	174.0	62.0	平	38.57	57.3	偏枯	43.97	-5.40	-12.3
1992	168.2	71.2	偏枯	31.36	92.5	枯	35.65	-4.29	-12.0
1993	143.5	95.2	枯	25.62	97.8	枯	28.21	-2.59	-9.2
1994	254.7	2.3	丰	61.91	9.6	丰	76.44	-14.52	-10.0
1995	195.0	39.2	平	37.25	71.5	偏枯	57.63	-20.37	-35.4
1996	185.7	49.0	平	44.17	50.8	平	48.75	-4.59	-9.4
1997	211.1	23.3	偏丰	44.24	50.6	平	61.70	-17.46	-28.3
1998	208.8	25.6	偏丰	53.85	26.6	偏丰	61.57	-7.72	-12.5
1999	220.5	14.7	偏丰	48.05	40.5	平	64.30	-16.25	-25.3
2000	196.5	37.6	平	34.76	79.9	偏枯	54.97	-20.21	-36.8
2001	213.4	21.2	偏丰	45.97	45.9	平	65.77	-19.80	-30.1
2002	207.3	27.0	偏丰	55.32	23.4	偏丰	60.67	-5.35	-8.8
2003	209.5	24.9	偏丰	44.72	49.2	平	65.40	-20.68	-31.6
2004	180.7	54.5	平	30.29	96.7	枯	50.51	-20.22	-40.0
2005	227.5	8.4	丰	55.71	22.5	偏丰	71.03	-15.32	-21.6

资料来源：唐德善，邓铭江．塔里木河流域水权管理研究［M］．北京：中国水利水电出版社，2010.

目前，源流汇入干流水量的"赤字额度"没有减少趋势，实行初始水权的水量调度管理目标任重而道远。上游三源流从 1994 年开始，总水量连续处于丰水或偏丰水年景，特别是阿克苏河和开都河持续丰水年景，塔里木河干流来水量只相当于平水年或平偏枯水年的水量，源流持续的丰水年景并未给塔里木河带来丰水。按照初始水权"丰增枯减"水量分配原则，各源流挤占干流水权的现象仍然十分严峻，源流过度开发利用水资源的行为仍在继续。

四、土地财政与土地利益是造成博弈的重要原因

导致流域不同利益主体博弈行为的一个很重要原因就是区域的土地 GDP、土地财政和土地利益。

一方面，土地 GDP、土地财政导致区域政府部门在发展经济与生态环境保护进行着博弈。塔里木河流域经济贫困，区域 GDP 增长在很大程度上主要依靠农业经济实现，特别是区域的财政收入也要依靠发展农业经济来实现。区域政府部门为了发展经济不得不多开荒、多引水，由此造成流域管不了区域、生态管不了经济、水利部门管不了农业部门。而目前塔里木河流域的农业经济效益普遍不高，农业附加值低，第二、三产业不发达。因此，要提高农业经济效益，关键就要依靠扩大农业规模来实现，这就需要进行大规模的农业开荒来扩大农业发展规模。

以兵团团场种植棉花为例，团场将土地承包给农户个人，或将荒地承包给农户个人，农户在土地上开荒种植棉花，棉花收成后再由团场统购统销，团场在这里就产生了一定的财政收入（或行政收入，因团场目前无税收财政）。特别是棉花的加工，棉花的脱籽，以及棉籽的榨油，这都成为团场的直接收入。这对团场是直接的经济利益刺激，这也是典型的计划经济。地方各县的情况也基本类似。因此，多种植棉花、多开垦荒地对区域来说，带来了直接的 GDP 增高和财政效益，而各行政区域就想方设法截取流域的水资源，以满足区域农业开发的水资源需求。因此，区域政府实际上是利益的博弈主体。

另外，土地利益导致农户与区域政府部门的博弈，以及导致农业开发承包商和农户"生态经济人"行为缺失。由于政府不合理的 GDP 观和不合理的财政收入构成，以及政府的"生态经济人"行为缺失，这又进一步导致流域各利益主体，以及农业开发商和农户个人的"经济人"外部性行为。特别是为投机商和大承包户创造了"生态经济人"缺失条件。承包商和农户为了从承包荒山荒地中获取利益，进行着千方百计的开荒，开荒越多引水灌溉也越多，塔里木河流域各支流、渠沟遍布着引水渠道和抽水机，各农田里也遍布着水井。虽然有各种规章制度禁止农业开荒和无序引水行为，但真正到了农业基层这些管理往往难以奏效，基层农户与基层管理者互为利益关系，都向着水土公共物品获取效益，"公地公水悲剧"由此产生。

而流域大型的农业开荒，主要还是由大的承包商投资开发，他们有资本，有生产资料，也和地方行政部门有着千丝万缕的关系，只有他们才有能力进行大规模的农业开荒。由于区域行政主管的纵容，许多投机商与地方管理部门结合起来，进行着大面积的承包荒山、荒地，进行农业开发，很多老板承包了荒山荒地达几千亩。我们在对流域的调查中，其中最大的一个承包户承包了荒地 400hm² 进行开荒。而这种农业开荒行为有着地方部门的保护，在分配利用水资源方面具有着优先权，而且在损害生态环境方面还有豁免权，这种大承包商的"生态经济人"行为缺失危害尤其大。

第三节 市场机制缺乏与生态经济人行为缺失导致外部性

一、市场机制缺乏与农业水价形成机制缺失

塔里木河流域所处的南疆是贫困少数民族区，长期以来，当地群众把水资源当作自然的公共资源，认为可以自由地取用。当地政府一直以来也把水资源开发当作公益性事业，没有水资源商品意识和基本的市场经济意识。水的商品意识极其淡薄，大量的水资源被无偿占有、低价使用。同时，由于广大农民经济收入低，贫困人口多，使解决水价偏低问题成了一个十分敏感的经济、社会和政治问题。目前，水资源管理仍主要依靠政府行政手段，市场经济手段难以发挥更大的效力。

1. 水价低廉间接地鼓励了水土开发行为

2003 年，新疆政府下发了《关于塔里木河干流区水利工程供水价格有关问题的通知》，核定了塔里木河干流区水价，主要是以农牧业用水为主。按照《新疆维吾尔自治区水资源费征收管理办法》，流域管理局于 2002 年开始征收水资源费。开征水费以来，尽管执行了供水到户的管理办法，用水户有偿用水的意识提高了，但确定的水价偏低，农业大水漫灌方式仍然存在，水资源浪费严重。叶尔羌灌区现行水费执行的仍是 1996 年的 0.012 元/m³ 的标准，而实际测算水成本

为 0.0345 元/m³ 水价，仅占水成本的 30%。平均每亩毛灌溉量仍在 1000m³ 以上，最高可达 1380m³。2009 年，在库尔勒市上户镇调研的时候，塔管局收取的水费也才 0.0785 元/m³。水的特殊商品属性没有体现出来，水价低廉的结果实际上鼓励了用水，进而鼓励了农业开荒行为。

2. 水价偏低影响水利基础设施建设与发展

流域灌溉水价普遍偏低，加之水费实收率低，不少县级水管部门年征收水费尚无法满足日常运行管理、水利设施的岁修、维护、大修折旧更无法保证。农田水利设施不能实现良性运行，这是工程设施完好率低的主要原因。现行的水管理体制是一套高度自上而下的行政管理体制，水管理中没有充分考虑利益相关方和用水户参与管理的问题。长期以来，由于水利工程主要服务对象是农业和农村，决定了其具有很强的公益性和非营利性。加之受计划经济体制的束缚，供水价格长期偏低，融资渠道不畅，致使现有水利工程配套率低且老化失修严重，效益衰减。这一问题不仅严重影响了水管单位的生存与发展，而且也影响了流域的可持续发展。

3. 用水的市场机制缺失导致节水效率不高

现行水管体制对用户无法完全实行计量收费，公共用水的现象依然存在；计量点设置不合理，供水有效利用率低；农户节约意识不强，节水潜力还没完全发掘，水资源浪费现象比较严重。广大农户对水量分摊不理解，对水费征收有抵触情绪，同时也造成各级政府对水费提价有畏难情绪。现行水管理体制也不能适应高效节水农业技术的发展要求，水管理机构最末级只设到乡一级，即只管斗渠以上的渠道和渠系建筑物，斗渠到田间的水利设施缺乏有效的管理措施和机构。而高效的农业节水技术，如喷、微灌设施主要分布在田间，靠农民一家一户地进行管理是无法实现的。

二、生态经济人行为缺失导致外部性

塔里木河流域水土资源的利用失范，在很大程度上归结于流域人类活动的失范。而人类活动的失范又归结于人类行为的"经济人"属性。"经济人"的行为容易对流域水、土资源利用产生外部性影响，因此呼唤"生态经济人"行为，是流域可持续发展的关键。

1. "经济人"假设的评述

"经济人"是以完全追求物质利益为目的而进行经济活动的主体，希望以尽可能少的付出，获得最大限度的收获，并为此可不择手段。一般公认亚当·斯密是"经济人"假设的最初设计者。1776年，亚当·斯密出版了《国民财富的性质和原因的研究》，他把个人谋求自身利益的动机与行为纳入经济学分析范畴中，使"经济人"假设思想得以提出，并以追求自身利益的经济人为出发点。他明确指出：由于他管理产业的方式、目的在于使生产物的价值能达到最大程度，他所盘算的也只是他自己的利益。在这种场合，像在其他许多场合一样，受着一只看不见的手的指导，去尽力达到一个并非他本意想要达到的目的。他追求自己的利益，也并不因为事非出于本意，就对社会有害或促进社会的利益。

"经济人"假设是指追求自身利益最大化，它是个体行为的基本动机。当一个人在经济活动中面临若干不同的选择机会时，他总是倾向于选择能给自己带来更大经济利益的那种机会，即总是追求最大的利益。"经济人"盲目追利的生产方式，过度消费的生活方式，消耗资源、破坏环境，恶化了与自然的关系。"经济人"就成了不可持续的人类。尤其是"生态经济"的兴起，更使人们关注个人、社会、经济与环境的协调，从而使"经济人"假设适用的范围更趋狭窄。

2. "生态经济人"目标假设与缺失

"生态人经济"不仅具有经济人的行为理性，但更追求利益的可持续，不以追求利益而牺牲可持续利益或长远的利益，是懂得自己要活得好，但不能以利益最大化为原则。"生态经济人"是"生态人"与"经济人"两者的融合统一，但不是简单叠加。"生态经济人"应该是一个具有生态意识、生态良心和生态理性的人，但不是一个生态主义者；"生态经济人"应该是一个具有利己、理性、最大化和"文明的自利"的人，但不是一个经济主义者。

有的学者将"经济人"概括为，见利忘义，铤而走险；金钱至上，唯利是图。而"生态经济人"的需要与动机则是复合的，甚至是多元的；就需要而言，"生态经济人"不仅具有物质需要，而且还具有生态需要；就动机而言，"生态经济人"不仅仅追求经济利益最大化，而且还追求生态环境的优化和美化，具有经济效益和生态效益双重动机。"经济人"的利益最大化同可持续性是对立的。"经济人"所追求的经济利益最大化往往具有单一性、暂时性和反自然性等特点，只追求经济效益最大化，完全不顾生态效益和社会效益；只顾眼前利益，不顾长远利益；为了取得经济利益最大化，不顾生态环境，甚至以破坏和牺牲生态环境为代价。

"生态经济人"的经济利益最大化是与经济发展可持续性相统一的。由于"生态经济人"是一个具有生态意识和生态理性的经济主体，所追求经济利益最大化具有系统性、长远性、自然性以及可持续性等特点。就是不仅仅追求经济效益最大化或满意化，而且兼顾生态效益和社会效益，坚持经济、生态、社会协调发展；把眼前利益与长远利益结合起来，不能唯眼前利益而牺牲长远利益。

3. 流域普遍存在"生态经济人"行为缺失现象

目前，塔里木河流域的区域部门始终将发展经济作为第一选择，而发展经济给环境带来的压力，以及对水资源承载力带来的压力都被"经济人"行为代替。发展以牺牲生态环境为代价的现象普遍存在，以区域发展而牺牲流域发展为代价的现象普遍存在。这种"生态经济人"缺失现象，不仅体现在政府部门，也体现在区域流域管理部门，更体现在区域行政长官，以及从事农业开发的农户个人。流域存在的"生态经济人"行为缺失，直接影响着流域水资源的不合理分配，也直接影响着生态环境的改良，对流域可持续发展产生着深远的影响。

三、对公共物品开发利用的监督管理不够

为了加强对塔里木河流域的监督与管理，塔里木河管理局成立了水政监察机构——水政水资源处，并成立了专职水政监察队伍——塔里木河流域水政监察分队。水政监察分队成立后，先后制定了《塔里木河流域水政监察分队章程》、《执法办案制度》、《塔里木河河道管理巡查报告制度》、《重大水事案件申报制度》、《水行政执法责任制度》、《水行政过错责任追究制度》等规章制度，以加强水资源的监督管理。但是，塔里木河流域目前相关法律法规比较健全，关键是执行力度不够，现行法律制度没有得到很好的贯彻执行，执法过程中执法不严的现象普遍存在。

但是，塔里木河流域跨区太大，涉及河流、部门太多，仅仅靠流域管理局的监督管理难以有效。而对流域的行政区而言，该区域既是水土资源的产权拥有者，又是代表区域利益的水土资源利用者，让他们来管理监督，就相当于自己监督自己。因此，塔里木河流域农业开发和无序用水情况依然严重，执法难、行政管理难的问题比较突出。源流和干流普遍存在盲目大面积开荒，挤占生态用水的现象，也没有受到相关法规的制止。2007 年流域管理局从开都河—孔雀河调水，计划第 9 次向大西海子水库下游河道实施生态输水，原计划下输水量 $4400 \times 10^4 m^3$，当输水至 $1400 \times 10^4 m^3$ 时，兵团农二师塔里木垦区水管处强行关闸，破坏了整个输水计划。

第七章　水土资源开发利用的农户行为调查分析

第一节　农户行为调查的组织情况与数据采集分析

一、农户行为选择问卷调查的组织与管理

2010 年 7~9 月，调研组选择塔里木河流域"四源一干"区域的 10 个县（阿合奇县、和硕县、洛浦县、焉耆县、阿瓦提县、巴楚县、若羌县、新河县、墨玉县、莎车县）和新疆生产建设兵团的 2 个团场（农一师五团、农一师六团）进行了入户问卷调查。

调查问卷的设计主要围绕家庭收支情况、用水情况、开荒的原因、影响和农户的行为选择进行设计。受被调研地区民族、宗教与文化的限制，问卷采用了维文和汉文两种语言设计。因为教育文化落后原因，当地很多少数民族同志不会汉语和不会写字，甚至也不会认当地的民族字。因此，对少数民族的调研，由我们的调研人员逐题用少数民族语言讲述，再将被调研对象的答案填到调查问卷。我们给每一位被调查农户发放了香皂、牙膏等小礼品；我们还有一个调查组专门配备了实习医生，对农户进行了测血压等免费体检。由于调研组细心的工作，许多问卷都签了被调查者的名字（包括用维文签的名字），或留下了被调查者的住址和联系方式，保证了调查问卷的真实性和原始性。

此次调研共发放调查问卷 750 份，收回问卷 654 份，回收率 87.2%。调研组

共分了三个组，选择对被调研地区熟悉的当地生源学生经过培训后，开展调查问卷的发放、回收、填写和访谈工作。被调查者中汉族比例占到60%左右，维吾尔族和柯尔克孜族，分别占到20%左右。

被调查者的年龄结构基本呈正态分布，其中30岁之前的青壮年外出打工较为普遍。因此，当地常住人口主要以30～60岁为主，60岁以上基本丧失了体力劳动的能力。从调研结果来讲，我们选取样本主要为30～60岁的人群；从图7-1中还可以看出，当地以农业经济为主要产业，被调查者多以农民为主，占到80%左右，家庭收入显然也主要依靠农业生产，也有少部分青年外出打工现象。

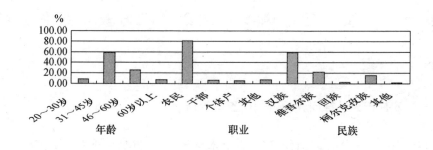

图7-1　被调查对象年龄、职业与所属民族分布

二、被调查农户的家庭基本情况

调研组还对农户家庭拥有的孩子个数进行了调研，以及家庭孩子上学情况、辍学情况，以此了解农户家庭收入、家庭教育、潜在农业劳动力，以及对今后的生活预期。调研中，家庭中没有孩子的占29.0%，这部分人可能还没有结婚；家庭中有1个孩子的占33.0%，有两个孩子的占18.0%，有3个孩子的占9.0%；家庭中有3个以上孩子的达到10.0%，而且阿合奇县、和硕县、洛浦县、阿瓦提县的比例较高，平均比例达到30%以上；而巴楚县、若羌县、新河县、农一师五团、农一师六团则几乎没有3个以上的孩子。在调研家庭中，孩子上小学的占42.1%，上初中的占29.2%，上高中的占12.7%，上大学的占16.3%。

在调研中我们发现，孩子辍学状况比较严重。家庭中孩子辍学达到3个以上的占 46.2%。辍学年龄分布为 5 ~ 7 岁辍学的占 41.0%，这部分可以不算辍学，因为这个年龄阶段还可以算没有正式上学；辍学年龄为 8 ~ 12 岁和 13 ~ 16 岁的，均占 18.0%；辍学年龄为 16 ~ 19 岁的，占到 23.0%。调研中我们还发现，即使随着收入的增加，辍学状况也严重。说明当地教育相当落后，思想观念也很落后。

调研组在实地访问中，很多孩子一见到我们调研组的成员，以为是老师来家访或劝其上学了，孩子们纷纷躲避起来。而在调研中，有很多家庭特别是少数民族家庭的孩子上了学，甚至上了大学仍旧找不到合适的工作而在家放羊，这使很多的少数民族家庭不愿意让孩子花高昂的学费去上学。这些落后的教育、生活观念也必将影响着塔里木河流域的可持续发展。

表 7 - 1　农户家庭成员与接受教育情况　　　　　　单位:%

按地区与收入分类		家庭拥有孩子的个数					家庭孩子上学的情况			
		0 个	1 个	2 个	3 个	3 个以上	小学	初中	高中	大学
按地区分类	阿合奇县	26.0	62.1	9.5	2.1	26.3	54.7	39.0	2.0	4.2
	和硕县	34.8	40.4	15.7	9.3	34.8	31.5	29.0	16.9	22.5
	洛浦县	17.6	49.0	19.6	13.7	17.6	52.9	27.5	7.8	11.7
	焉耆县	6.2	37.5	18.8	37.5	6.0	62.5	31.0	0	6.0
	阿瓦提县	30.6	36.7	28.5	2.0	30.6	18.4	14.3	38.8	28.6
	巴楚县	48.0	34.0	18.0	0	0	38.8	36.7	10.2	16.3
	农一师五团	42.0	56.0	2.0	0	0	50.0	34.0	2.0	14.0
	农一师六团	22.0	48.0	16.0	14.0	0	44.0	34.0	12.0	10.0
	若羌县	18.0	48.0	20.0	14.0	0	50.0	30.0	8.0	12.0
	新河县	24.0	38.0	24.0	12.0	0	40.0	20.0	26.0	14.0
	墨玉县	36.0	36.0	24.0	0	2.0	24.0	26.0	20.0	30.0
	莎车县	48.0	30.6	14.3	2.0	4.1	38.0	28.6	8.2	26.0
	平均	29.0	33.0	18.0	9.0	10.0	42.1	29.2	12.7	16.3
按收入分类	2000 ~ 5000 元	25.8	46.0	13.0	13.0	3.0	48.0	33	6.6	11.9
	5000 ~ 10000 元	38.5	37.0	19.3	4.0	0	26.5	33.7	15.7	24.0
	10000 ~ 30000 元	37.0	41.0	19.8	2.0	0	30.3	28	24.0	17.7
	30000 元以上	26.0	49.5	15.9	8.0	0	52.3	27.7	5.9	14.0
	平均	31.8	43.6	17.0	7.1	0.33	39.0	31.0	13.0	17.0

表 7-2　农户家庭孩子辍学情况　　　　　　　　　单位:%

按地区与收入分类		孩子的辍学情况					辍学年龄的分布情况			
		0个	1个	2个	3个	3个以上	5~7岁	8~12岁	13~16岁	16~19岁
按地区分类	阿合奇县	56.8	33.0	3.0	0	6.0	65.0	16.5	4.0	14.5
	和硕县	55.0	19.0	11.0	0	15.0	40.0	22.8	16.8	20.4
	洛浦县	49.0	1.9	1.9	0	47.0	23.0	12.0	30.0	35.0
	焉耆县	18.7	6.0	0	6.0	68.0	35.0	12.7	30.0	22.3
	阿瓦提县	12.0	12.0	6.0	0	69.0	65.0	28.0	4.0	3.0
	巴楚县	16.0	0	0	0	84.0	40.0	22.8	16.8	20.4
	农一师五团	48.0	22.0	0	0	30.0	23.4	12.0	30.0	34.6
	农一师六团	60.0	18.0	18.0	0	4.0	35.0	12.8	3.0	49.2
	若羌县	52.0	4.0	4.0	0	40.0	65.0	30.0	4.0	1.0
	新河县	14.0	10.0	4.0	2.0	70.0	40.0	23.0	16.0	21.0
	墨玉县	18.0	4.0	2.0	0	74.0	23.0	12.0	30.0	35.0
	莎车县	26.5	18.0	4.0	0	47.0	35.0	12.7	30.0	23.0
	平均	35.5	12.3	4.5	0.7	46.2	41.0	18.0	18.0	23.0
按收入分类	2000~5000元	65.0	16.5	4.0	1.0	13.0	43.0	20.0	25.0	12.0
	5000~10000元	39.7	22.9	16.8	0	20.5	55.0	10.0	16.0	19.0
	10000~30000元	23.0	12.0	3.0	0	61.0	23.0	8.0	7.0	61.0
	30000元以上	35.0	12.7	0	0	48.6	28.6	11.8	15.0	44.5
	平均	41.0	16.0	7.0	0	36.0	37.0	12.0	16.0	34.0

　　被调查对象的家庭收支情况,受当地经济结构影响,70%以农业收入为主,其次有约20%的以打工为生;经商相对来说最少,可见当地人民的经济意识淡薄;教育支出、生活消费支出和其他一些包括购买农业生产资料等的支出各占约30%,医疗支出却相对较少;针对2009年的收入和支出来看,收入越多支出也就越多。

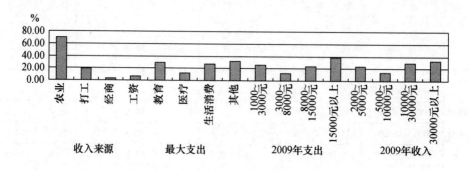

图 7-2　农户家庭收入开支情况

三、农户耕地和耗水增加验证了流域水土持续开发现象

被调查者中，10年前和现在相比，拥有的牲畜数量没有多大改变，基本是以0~15头为主。有60%左右的被调查者用水情况都在50~80m³。现有耕地中，拥有30~50亩耕地的农户从10年前的9%，上升到21%；拥有50亩以上耕地的农户从10年前的2%，上升到7%。耕地的增加也带来了显著的经济效益，在年收入3万元以上的农户中，拥有耕地30~50亩的分别从10年前的12%，上升到34%；拥有50亩以上耕地的农户从10年前的1%，上升到10%。

从这一点看出，农户拥有耕地的面积在不断扩大，而且比例在不断上升。在流域人口不断增长的情况下，如果耕地是恒定的，那么流域人均拥有耕地数应该是下降的。但是，目前拥有大面积耕地的农户比例反而上升，收入越高的拥有耕地面积越大。说明这是流域的农业开荒开垦行为所致，这也验证了流域持续农业开发活动的存在。农业开荒导致流域耕地面积增加，而且这种开荒行为主要集中在少数人中，是他们开发了大规模的土地，同时也耗用了大量的水资源。

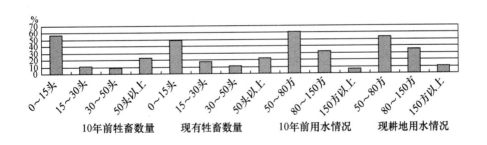

图7-3　农户农业经济发展情况

耕地的增加和规模的扩大，也导致用水量的增加。在农户家庭中，用水量在150~300m³的农户从10年前的10%，上升到现在的23%；用水量在300m³以上的农户从10年前的12%，上升到22%；大额用水户上升了10个百分点。而相对用水较少的50~80m³农户则从10年前的63%降为44%，用水量少的农户呈减少趋势。同时，收入高的用水也多。年收入在3万元以上的农户，用水在300m³以上的由12%增加到32%，增加了20个百分点。

表 7－3　农户家庭现有耕地与 10 年前耕地情况比较　　　　　单位：%

按地区与收入分类		10 年前耕地情况				现有耕地情况			
		0～10 亩	11～30 亩	30～50 亩	50 亩以上	0～10 亩	11～30 亩	30～50 亩	50 亩以上
按地区分类	阿合奇县	58.0	42.0	0	0	65.0	30.5	3.0	1.0
	和硕县	48.0	36.0	7.0	9.0	39.0	41.5	15.7	3.0
	洛浦县	43.0	41.4	15.6	0	27.0	37.0	27.0	9.0
	焉耆县	50.0	31.0	19.0	0	25.0	18.7	37.5	18.7
	阿瓦提县	73.0	15.0	12.0	0	61.0	20.4	10.2	8.0
	巴楚县	82.0	16.0	2.0	0	24.0	32.0	36.0	8.0
	农一师五团	56.0	40.0	4.0	0	66.0	14.0	18.0	2.0
	农一师六团	54.0	44.0	2.0	0	72.0	22.0	4.0	2.0
	若羌县	46.0	40.0	14.0	0	28.0	40.0	26.0	6.0
	新河县	68.0	16.0	16.0	0	44.0	22.0	22.0	12.0
	墨玉县	70.0	22.0	8.0	0	42.0	24.0	26.0	8.0
	莎车县	57.0	22.0	8.0	13.0	26.7	34.6	28.5	10.2
	平均	59.0	30.0	9.0	2.0	43.0	28.0	21.0	7.0
按收入分类	2000～5000 元	62.0	36.0	2.0	0	70.8	22.5	5.0	1.0
	5000～10000 元	43.0	48.0	5.0	4.0	74.6	20.4	2.0	2.0
	10000～30000 元	66.0	23.0	8.0	2.0	40.0	32.8	18.7	8.0
	30000 元以上	56.0	29.5	12.0	1.0	21.0	35.0	34.0	10.0
	平均	57.0	34.0	7.0	2.0	51.6	27.8	15.1	5.3

　　从这一点我们也充分验证了农业开发行为对水资源利用的影响，特别是大规模的农业开发行为，耗用了流域大量水资源。同时，也充分验证了大面积的耕地集中在少数人手中，而这部分人耗用大量水资源的比例上升。另外，年收入在 3 万元以上的农户用水比例上升了 20 个百分点，说明农业开发的力度在增大，导致农业用水量的增多，而这同时也带来可观的经济效益，为农户带来丰厚的收入；相反，年收入越高的农户，就越有资本和能力从事农业开发活动，他们的耕地开发量和农业耗水量也都从占地少、耗水少，转为占地多、耗水多。

表7-4 农户家庭现在农业灌溉用水与10年前用水情况比较 单位:%

按地区与收入分类		10 年前用水情况				现在用水情况			
		50～80 m³	80～150 m³	150～300 m³	300m³ 以上	50～80 m³	80～150 m³	150～300 m³	300m³ 以上
按地区分类	阿合奇县	52.0	21.0	2	25.0	40.0	12.0	24.0	24.0
	和硕县	52.0	14.6	2.4	31.0	34.0	12.0	4.0	50.0
	洛浦县	42.5	27.0	21.5	9.0	13.0	33.0	31.0	23.0
	焉耆县	44.0	31.0	25.0	0	18.0	25.0	31.0	25.0
	阿瓦提县	82.0	10.0	8.0	0	69.0	24.0	4.0	3.0
	巴楚县	92.0	2.0	6.0	0	52.0	30.0	12.0	6.0
	农一师五团	60.0	10.0	2.0	28.0	82.0	8.0	8.0	2.0
	农一师六团	72.0	18.0	4.0	6.0	78.0	10.0	4.0	8.0
	若羌县	44.0	28.0	20.0	8.0	2.0	36.0	32.0	20.0
	新河县	68.0	14.0	16.0	2.0	50.0	26.0	12.0	12.0
	墨玉县	82.0	8.0	8.0	2.0	62.0	20.0	12.0	4.0
	莎车县	59.5	8.0	2.0	30.5	30.0	22.0	2.0	44.0
	平均	63.0	15.0	10.0	12.0	44.0	11.0	23.0	22.0
按收入分类	2000～5000 元	62.0	18.0	1.0	18.0	68.0	20.0	3.0	9.0
	5000～10000 元	54.0	14.0	10.0	22.0	55.0	14.0	6.0	25.0
	10000～30000 元	79.0	8.0	4.0	9.0	54.0	25.0	5.0	15.0
	30000 元以上	53.0	20.0	15.0	12.0	27.0	20.0	21.0	32.0
	平均	62.0	15.0	8.0	13.0	51.0	20.0	8.0	20.0

第二节 农户对农业开发与水资源利用影响的认知

一、农户认为造成流域沙漠化的主要原因是人类开荒行为

根据调查，44.18%的农户认为造成流域沙漠化的主要原因是农业开荒行为；24.36%的农户认为是自然现象；22.63%的农户认为是放牧造成的；另有8.84%的农户认为是人类其他行为造成的。也有部分如和硕县74%的农户认为自然现

象是其主要原因，这可能与不同地区人类行为破坏程度不同或人们认识不同所致。洛浦县 96% 的农户、墨玉县 76% 的农户认为，人类农业开荒行为是造成沙漠化的主要原因，说明这一区域农业开荒现象较为严重，农业开发产生的影响也较为严重。

表 7 - 5 农户认为造成塔里木河流域沙漠化的主要原因   单位:%

按地区分类	自然现象	人类农业开荒行为	人类放牧行为	人类其他行为
阿合奇县	19.50	31.50	29.30	19.70
和硕县	74.00	22.00	4.00	0
洛浦县	4.00	96.00	0	0
焉耆县	50.00	10.00	4.00	36.00
阿瓦提县	16.00	46.00	28.00	10.00
巴楚县	16.00	66.00	14.00	4.00
农一师五团	54.00	34.00	10.00	2.00
农一师六团	10.00	42.00	34.00	14.00
若羌县	6.00	14.00	78.00	2.00
新和县	6.00	28.00	56.00	10.00
墨玉县	10.00	76.00	8.00	6.00
莎车县	26.80	64.60	6.20	2.40
平均	24.36	44.18	22.63	8.84

根据不同收入群体以及不同民族人群的认识，相比自然现象而言，认为人类行为是造成沙漠化的主要因素的农户有 69.9%，其中农业开荒行为又占到 43.1%，可见农业开荒确实对人们的生活尤其是环境带来了一定的影响。针对不同民族而言，其中柯尔克孜族反应最为强烈，认为是农业开荒的占到 63.2%。对不同收入群体而言，约有 74% 的被调查者认为，一系列的类似于农业开荒、放牧，以及其他一些人类行为是导致流域沙漠化的重要原因。相对于中等及以下收入群体来说，由于他们主要靠天吃饭，沙漠化程度的加深，势必会给他们带来一定的经济损失，所以在这个收入范围内的人群随着收入增加，对农业开荒造成沙漠化的反映也变得强烈；相反，收入在 3 万元之上的群体，由于他们相对靠天吃

饭的因素较少，自己有其他经济来源，对沙漠化效应的表现不那么突出。

因此，这部分人是农业开发规模大，农业耗水多，同时也对生态环境外部性影响最大的人群。这部分人是典型的"经济人"，而非"生态经济人"，他们大规模的农业开发活动，对流域水资源利用和生态环境都产生外部性影响，而且由于他们的"经济人"行为选择，导致外部性影响的矫正失灵。

表7-6　按民族与收入分类的农户认为造成沙漠化的原因　　　　　单位:%

按民族与收入分类		自然现象	农业开荒	放牧行为	人类其他行为
按民族分类	汉族	21.90	42.10	21.70	14.30
	维吾尔族	30.80	28.20	39.30	1.70
	回族	42.80	39.30	17.90	0
	柯尔克孜族	26.30	63.20	7.90	2.60
	其他	28.60	42.80	0	28.60
	平均	30.10	43.10	17.40	9.40
按收入分类	2000~5000元	30.20	36.40	29.70	3.70
	5000~10000元	23.50	44.90	28.70	2.90
	10000~30000元	18.60	51.50	19.60	10.30
	30000元以上	28.80	37	19.70	14.50
	平均	25.28	42.45	24.43	7.85

二、农户认为农业开发导致流域水资源分配利用失衡

根据对流域不同地区的调查，近52%的人认为，农业开发影响了流域上、中、下游的水资源的分配；21.78%的人认为，农业开发对生态用水也存在一定程度的影响；分别有13.93%和10.30%人认为，农业开发挤占了生活用水、经济用水。在塔里木河的上游阿瓦提县、新和县，各有82%和72%的农户认为，农业开发对流域的水资源分配影响较大。其他地区反映没有这么强烈，主要是因为这两个县靠近上游地带，感受较为强烈。同样，在流域中下游地区，流域的和硕县、洛浦县以及若羌县等区域感受较深，由于地理位置的原因，他们更贴切地感受到了农业开发对塔河流域水资源分配的影响。

表7-7　农户认为塔里木河农业开发对水资源分配利用的影响　　单位:%

按地区分类	上中下游水分配	生态用水	生活用水	经济用水
阿合奇县	35.1	54.3	9.6	1.0
和硕县	70.9	10.5	3.5	15.1
洛浦县	78.9	2.5	3.5	0
焉耆县	50.0	0	12.5	37.5
阿瓦提县	82.0	4.0	6.0	8.0
巴楚县	54.0	8.0	18.0	20.0
农一师六团	26.0	8.0	54.0	12.0
农一师五团	28.0	42.0	10.0	0
若羌县	63.0	16.0	10.0	22.0
新和县	72.0	20.0	6.0	2.0
墨玉县	54.0	16.0	26.0	4.0
莎车县	10.0	80.0	8.0	2.0
平均	51.99	21.78	13.93	10.30

三、农户认为管理分割是导致流域持续开荒的主要原因

在调查中，46%的农户认为，导致流域开荒最主要的原因是兵团与自治区对流域的管理分割。这里主要指对全流域而言，没有形成全流域的统筹管理，从而造成持续的农业开发行为和不规范的引水灌溉行为。14%的农户认为对流域农业局、水利局、土地局等各个部门的多头管理导致了农业持续开荒行为。这也是分割管理的一种体现，是相对于政府行政部门的多头分割管理，在行政管理体制上存在"九龙治水"。

农户反映管土地的管不了水，管水的管不了土地；同样管林业的管不了水，只能管林子的树木不被人砍伐，而看着林木缺水却没有办法。分别有12%和13%的农户认为，相关部门对开荒行为的放纵和对开荒行为的执法不严，是造成持续开荒行为的重要原因。这主要是各个区域行政部门为了区域利益，放纵开荒行为。兵团的部门为了兵团利益，放纵兵团区域农户开荒、引水行为；地方的部门同样为了地方的利益，放纵地方的农户开荒、引水行为，导致流域管理局想管也管不着，最终流域被区域分割了。

表7-8 导致塔里木河流域农业开荒最主要的管理成因　　　　单位:%

按地区分类	当地部门对 开荒的放纵	兵团与自治区对 流域的管理分割	农业局、水利局等 部门多头管理	相关部门执法 管理不严格	其他原因
阿合奇县	35.00	35.70	23.40	3.20	2.70
和硕县	4.50	46.60	10.50	18.90	19.50
洛浦县	2.00	98.00	0	0	0
焉耆县	4.00	24.20	11.20	16.20	44.40
阿瓦提县	18.00	50.00	12.00	0	20.00
巴楚县	8.00	30.00	4.00	28.00	30.00
农一师五团	0	40.00	0	32.00	28.00
农一师六团	28.00	40.00	20.00	12.00	0
若羌县	12.00	38.00	10.00	28.00	12.00
新和县	8.00	78.00	12.00	2.00	0
墨玉县	6.00	52.00	12.00	12.00	18.00
莎车县	22.00	22.00	52.00	4.00	0
平均	12.00	46.00	14.00	13.00	15.00

针对不同收入群体而言,有近62%的人也认为是管理分割、多头管理的因素造成的。这在很大程度上确实也反映了这一事实,就是当地政府管理不善,出现多头管理致使大家没有一个共同的目标,最终引起了农业开荒这一行为;就社会成因来讲,无论是不同地区还是不同收入群体的农户都认为,人口增加是导致这一行为的最主要因素。人口的增加,人均占有耕地面积的减少,农业开荒成了形势所向的选择。就经济成因而言,管水责任不清(学术语言:水权不清)在不同地区和不同收入群体中,也达成了共识,分别占到48%和46%,这归根结底还是由于流域管理分割的缘故。流域管理分割的同时,也造成了流域水、土资源的产权分割,导致"公地、公水悲剧"。

为进一步研究农户对流域管理制度的宣传、教育情况,以及当地相关行政管理部门在流域监督管理过程中发挥的作用,调查问卷设计了"对《塔河管理条例》的了解"、"是否有禁止开荒、禁止引水管理事件"的问题。调研中,有63.8%的农户对《塔里木河管理条例》不了解;有60.15%农户表示所在地有过禁止开荒行为的管理事件,有53.88%的农户认为有过禁止引水的管理事件。这些政策和管理都还没有完全深入人心，说明该地区对农业开荒行为和水资源利用管理的宣传、教育还需进一步的加强；对流域的水、土资源监督管理还需要加强。

表7-9　导致塔里木河流域农业开荒最主要的社会与经济成因　单位:%

按地区与收入分类		导致开荒最主要的社会成因			导致开荒最主要的经济成因		
		人口增加	经济贫困	不重视生态	开荒成本低	管水责任不清	水价较低
按地区分类	阿合奇县	63.90	19.90	16.20	48.80	41.60	9.60
	和硕县	31.50	55.70	12.80	47.30	48.80	3.90
	洛浦县	60.00	12.00	28.00	22.00	74.00	4.00
	焉耆县	68.60	24.20	7.20	19.30	68.60	12.10
	阿瓦提县	62.00	20.00	18.00	60.00	30.00	10.00
	巴楚县	30.00	32.00	38.00	40.00	34.00	26.00
	农一师五团	82.00	12.00	6.00	40.00	32.00	28.00
	农一师六团	46.00	6.00	48.00	32.00	38.00	30.00
	若羌县	62.00	4.00	34.00	36.00	48.00	16.00
	新和县	6.00	12.00	82.00	14.00	72.00	14.00
	墨玉县	18.00	24.00	58.00	22.00	58.00	20.00
	莎车县	20.00	58.00	22.00	58.00	26.00	16.00
	平均	46.00	23.00	31.00	37.00	48.00	16.00
按收入分类	2000~5000元	36.80	20.20	43.00	32.60	57.90	9.50
	5000~10000元	27.20	27.20	45.60	31.60	50.80	17.60
	10000~30000元	38.10	40.90	21.00	47.40	37.80	14.80
	30000元以上	49.70	31.50	18.80	45.50	36.40	18.10
	平均	38.00	30.00	32.00	39.00	46.00	15.00

表7-10　农户对所在地农业开发与水资源管理情况的调查了解　单位:%

所在地区	对《塔河管理条例》的了解		是否有禁止开荒事件		是否有禁止引水管理事件	
	了解	不了解	有	没有	有	没有
阿合奇县	19.20	80.80	20.20	79.80	31.90	68.10
和硕县	23.30	76.70	58.10	41.90	47.70	52.30
洛浦县	4.00	96.00	66.00	34.00	30.00	70.00

续表

所在地区	对《塔河管理条例》的了解		是否有禁止开荒事件		是否有禁止引水管理事件	
	了解	不了解	有	没有	有	没有
焉耆县	12.40	87.60	87.50	12.50	75.00	25.00
阿瓦提县	40.00	60.00	52.00	48.00	96.00	4.00
巴楚县	40.00	60.00	58.00	42.00	52.00	48.00
农一师五团	12.00	88.00	66.00	34.00	16.00	84.00
农一师六团	60.00	40.00	36.00	64.00	54.00	46.00
若羌县	56.00	44.00	42.00	58.00	16.00	84.00
新和县	90.00	10.00	96.00	4.00	96.00	4.00
墨玉县	60.00	40.00	76.00	24.00	64.00	36.00
莎车县	30.00	70.00	64.00	36.00	68.00	32.00
平均	36.20	63.80	60.15	39.85	53.88	46.12

第三节 农户对水土资源开发利用的行为选择

一、农户认为要获得长远发展依然是要多搞农业

为了分析农户对外部性影响的行为选择，调查中我们发现，35.54%的农户认为多搞农业可以支撑长远发展需要；而33.84%的农户则认为多生孩子才是长远发展的需要，这与当地贫穷落后的思想观念有关；仅有17.55%的农户认为保护生态是长远发展的最重要因素，说明农户对农业开发外部性引起的生态环境变化，不是很关心。这也是农业开荒行为持续存在的一个重要原因。

在对不同民族的调查中，汉族对长远发展的意识相对多元化，32.30%的人认为要多生孩子，31.50%的人认为要多搞农业，17.80%的人认为要出门打工，17.90%的人认为要保护生态。而少数民族包括维吾尔族、回族、柯尔克孜族等更加倾向于多生孩子和多搞农业，而对保护生态表现出不太关心。其中，回族群众出门打工意识相对强烈，而柯尔克孜族群众农业意识相对强烈。

表 7 - 11　认为要获得长远发展最重要的因素　　　　单位:%

按地区分类	多生孩子	多搞农业	出门打工	保护生态	发展教育科技
阿合奇县	17.90	2.10	0.70	78.30	1.00
和硕县	27.00	12.80	25.60	34.60	0
洛浦县	64.40	23.40	6.50	5.70	0
焉耆县	80.80	16.20	3.00	0	0
阿瓦提县	70.00	26.00	4.00	0	0
巴楚县	28.00	30.00	34.00	8.00	0
农一师五团	16.00	50.00	10.00	24.00	0
农一师六团	48.00	6.00	22.00	24.00	0
若羌县	22.00	54.00	16.00	8.00	0
新和县	4.00	92.00	4.00	0	0
墨玉县	16.00	62.00	14.00	8.00	0
莎车县	12.00	52.00	12.00	20.00	4.00
平均	33.84	35.54	12.65	17.55	0.20

调研组通过对不同收入群体的调查发现,相对贫困的农户更注重农业生产,因为这构成了他们最基本的生活来源;而且越是贫困的农户越认为多生孩子好,这一定程度上是受传统思想的禁锢,而相对富裕的也有约38.5%的人认为应该多生孩子;相对富裕的农户对出门打工、保护生态、发展教育的态度呈现增长趋势。说明随着收入的增加,农户对农业开发的外部性影响表现出关注的趋势。

表 7 - 12　不同民族与收入群体农户认为要

获得长远发展最重要的因素　　　　单位:%

按民族与收入分类		多生孩子	多搞农业	出门打工	保护生态
按民族分类	汉族	32.30	31.50	17.80	17.90
	维吾尔族	41.20	51.10	5.90	1.80
	回族	42.90	21.40	32.10	3.60
	柯尔克孜族	13.80	66.50	16.50	2.60
	其他	50.00	42.90	7.10	0
	平均	36.00	43.00	16.00	5.00

续表

按民族与收入分类		多生孩子	多搞农业	出门打工	保护生态
按收入分类	2000～5000元	42.20	47.50	6.60	3.70
	5000～10000元	25.70	49.30	22.10	2.90
	10000～30000元	27.20	34.00	16.80	20.60
	30000元以上	38.50	39.40	9.40	12.70
	平均	33.40	42.55	13.73	9.98

二、农户认为过度的水土资源开发影响了流域生态环境

对不同地区水资源变化情况，以及水资源是否污染而言，31.1%的人认为当地水资源变少，27%的人认为当地水资源反而变多，37%的人认为当地水资源无变化。对水资源变化情况的调查，水资源变多、变少与无变化的情况，调查概率基本上处于平均分布，差别不是太大。认为水资源变污染的仅占到3.67%，相比其他地区，莎车县较为突出，有约44%的人认为水资源变污染了，这个县情况应该值得注意和重视，具体原因是什么尚不清楚。

表7-13 农户所在地水资源变化情况 单位:%

按地区分类	变少	变多	无变化	变污染
阿合奇县	42.60	47.90	9.50	0
和硕县	38.40	11.60	50.00	0
洛浦县	78.00	6.00	16.00	0
焉耆县	18.80	37.50	43.70	0
阿瓦提县	30.00	4.00	66.00	0
巴楚县	18.00	34.00	48.00	0
农一师六团	38.00	38.00	24.00	0
农一师五团	14.00	86.00	0	0
若羌县	38.00	24.00	38.00	0
新和县	12.00	8.00	80.00	0
墨玉县	16.00	18.00	66.00	0
莎车县	30.00	14.00	12.00	44.00
平均	31.10	27.00	37.00	3.67

不同地区所在地树木植被的生长情况，调查数据显示，有将近53.18%的农户认为所在地树木植被长势很好。其中阿瓦提县和温宿县均有98%和86%的人认为长势很好，相比其他地区来说，由于地缘优势，农业开荒提高了当地的水资源利用率，同时农业行为也对当地的草木生长助长了一定的养分，最终结果是改良了当地局部绿洲，促进了草木长势。有18.4%的农户认为树木植被减少，11.6%的农户认为树木植被枯死，以及16%的农户认为树木植被无变化，被调查者中认为树木植被枯死的显得势单力薄，而且没有明显的地区出现这种现象。

调查显示，农户所在地的树木植被长势普遍较好。这可能跟农业开发改善了局部绿洲的生态环境有关系，特别是由于人类长期的经营管理，促使气候与生态环境改善。但对整个流域有所伤害，而我们调研对象相对局限的知识、文化是不可能看到这一点的。同时，也因为我们调研的地方是人类居住区和农业生产区域。农户只关心到了自己周围的生态植被，而没有顾及居住区外生态植被恶化的现象。这些区域既然有人居住、有人从事农业生产，那么这个区域至少生态环境还是能够适应人类的。而农业开发产生的影响，主要作用于荒漠区和荒漠过渡带，很多地方沙进人退，没法调查到这部分人。农户居住区外，以及整体流域的生态植被状况没有在调研中反映出来，这也是本次调研的遗憾。

表7-14　农户所在地树木与植被变化情况　　　　　　　　单位:%

按地区分类	树木植被长势很好	树木植被减少	树木植被枯死	树木植被无变化
阿合奇县	34.00	45.70	17.00	3.30
和硕县	61.60	8.10	10.50	19.80
洛浦县	66.00	2.00	22.00	10.00
焉耆县	62.50	25.00	0	12.50
阿瓦提县	98.00	0	2.00	0
巴楚县	66.00	6.00	4.00	24.00
农一师六团	86.00	0	2.00	12.00
农一师五团	34.00	24.00	42.00	0
若羌县	42.00	26.00	26.00	6.00
新和县	18.00	8.00	6.00	68.00
墨玉县	40.00	14.00	6.00	40.00
莎车县	30.00	62.00	2.00	6.00
平均	53.18	18.40	11.60	16.00

不同地区沙漠化程度情况，在被调查地区中，有约53.18%的农户认为，所在地风沙次数变多了；有18.40%的农户认为，所在地风沙次数变少了；11.60%的农户认为，所在地风沙次数没有明显变化。说明农业开荒对土地环境造成了损害，从而使流域的沙漠化程度加深，风沙次数变多，流域生态环境呈现恶化趋势。这在一定程度上也验证了前面提到的农业开发是导致流域沙漠化的主要原因。

表7-15　农户所在地沙漠化程度变化情况　　　　　　　单位:%

按地区分类	风沙次数变多	风沙次数变少	无变化
阿合奇县	51.00	24.50	24.50
和硕县	16.30	77.90	5.80
洛浦县	2.00	92.00	6.00
焉耆县	18.80	68.70	12.50
阿瓦提县	6.00	60.00	4.00
巴楚县	28.00	50.00	22.00
农一师六团	38.00	52.00	10.00
农一师五团	60.00	30.00	10.00
若羌县	58.00	42.00	0
新和县	20.00	76.00	4.00
墨玉县	14.00	78.00	8.00
莎车县	66.00	32.00	2.00
平均	53.18	18.40	11.60%

第四节　对农户认知与行为选择调查的分析

1. 经济基础决定农户行为外部性，农户缺乏"生态经济人"属性

由于经济贫困，农业经济成为当地农户的生存基础，根据马斯洛（Abraham Maslow）需求层次理论，马斯洛理论把需求分成生理需求、安全需求、社交需求、尊重需求和自我实现需求五类，依次由较低层次到较高层次。人们在满足最

低需求层次后，总是尽力转向较高层次的需求。农业活动满足其生活最低需求，属于第一层次。生态安全属于安全需求，处于从属位置。因此，农户的基本生存、生活问题没有得到解决的话，农业开发行为的外部性影响也难以消除。

农户在面对生存与发展的选择中，更多地选择了支撑其生存、生活的农业开发，虽然他们本身也意识到过度的农业开发对水资源和生态安全都会产生影响，但是他们还是选择农业开发，而对农业开发可能产生的水资源利用、生态环境恶化等外部性影响采取了漠视。同时，他们也选择了多生孩子，这在现代社会中有点让人不可理解，但是在贫困的干旱流域区，多生孩子意味着繁衍后代，这为自己家族今后的发展多提供了一个机会；而且多一个孩子，在生育成本低的情况下，也意味着多一个边际成本低的农业劳动力。因此，说明农户在生存发展、在流域开发上，都具有典型的"经济人"理性，而缺乏"生态经济人"的理性。

2. 农业开荒行为持续存在，大规模开荒行为向少数人集中

在调研中，我们通过对农户家庭 10 年前与现在耕地、用水、牲畜的比较，发现流域在人口不断增加的同时，人均拥有耕地数比例反而在增加，而且大面积的耕地集中在少数人手中（拥有 30 ~ 50 亩耕地的农户从 9%，上升到 21%；拥有 50 亩以上耕地的农户从 2% 上升到 7%），说明大面积的开荒行为集中在少数部分有实力的人中，这部分人可能是流域有钱、有势力的农户或老板，也可能是外来的承包商。特别是外来的承包商，他们有雄厚的资本、拥有先进的农业生产资料，同时他们和当地管理部门有着千丝万缕的关系，他们担当了流域农业开荒的主要角色，这在我们实证调研中也得到了验证。

耕地的增加和规模的扩大，也导致了农业用水量的增加，这一点我们可以从大额用水量比例上升趋势看出来（用水量在 $300m^3$ 以上的农户从 10 年前的 12%，上升到 22%，大额用水户上升了 10 个百分点）。同时这也表明，随着农业开发活动的持续增强，大规模的农业开发活动集中在少数人中；农业耗水也表现出同样的规律，大额用水户集中在少数的大规模农业开发户中。

3. 农业开发导致水资源分配失衡，并对生态环境产生影响

从以上调研中可以看出，农户认为，农业开发造成塔里木河流域水资源分配利用失衡（52% 的人认为农业开发影响了流域上、中、下游的水资源的分配）；同时，农业开发的外部性影响也进一步导致生态环境恶化（44.18% 的农户认为

造成流域沙漠化的主要原因是农业开荒行为）。也有部分农户认为，农业开发对生态用水也存在一定程度的影响，农业开发挤占了生活用水、经济用水。

但是我们发现，虽然农业开发从总体上对生态环境产生了影响，但是局部区域生态环境也有着改良。调研中，很多农户反映所在地的树木、草地等植被反而变好了，但也有高达53.18%的人反映所在地发生风沙的次数变多了。说明农业开发在一定程度上改善了绿洲局部气候，对局部区域是有益的，局部绿洲生态植被变好了；但对整体流域还是产生了影响，从风沙次数变多可以证明流域的沙漠化在加剧，甚至沙漠化在从荒漠区向人类居住区扩散，农户居住区普遍感受到风沙次数频发。

4. 分割管理造成水土公共悲剧，是水土开发失序的主要原因

调研中，农户的认知和行为选择，验证了农业开发的外部性影响，并主要归咎于对流域的分割管理（有46%的农户认为原因是兵团与地方对流域的管理分割，如加上各行政部门多头管理分割则达到60%）。农户反映，在一个区域里有流域管理局、兵团与自治区三套管理体系。由于不同管理体系存在不同的利益主体，流域管理局负责流域水资源的利益，兵团负责兵团的利益，地方行政区域负责地方的利益，农户们经常感受到各个管理体制不同的政策含义，而且各个管理体系带来的政策冲突也时有发生。有时候一河之隔分别是地方和兵团不同的区域，而中间这条河又属于流域管理局的利益区域。那么，作为农户他们就在各自区域里，采用不同的方式方法，免费或低成本抢夺水、土公共资源利益，从而造成水土开发失序与"公地、公水悲剧"。

导致开荒最主要的社会成因中（选择人口增加占46%，经济贫困占23%），主要归结于人口的增加；经济成因中，主要归结于管理水资源的责任不清（选择管水责任不清占48%，开荒成本低占37%，水价较低占16%），也可以说是水权管理不清晰。因此，流域人口的增加，导致人类活动的增强，以及农业开发活动的增强。由于水、土资源产权不清或管理不到位，以及开荒成本低、水价低等市场机制缺失，导致流域水土资源的"水、土公共悲剧"。另外，各区域行政部门为了区域利益，放纵农业开荒行为，放纵无序取水、挖渠、偷水、打井等行为。而塔里木河流域广阔，流域管理局无法进行微观管理，只能从宏观政策上调控，这为流域各个行政区域提供了获取水、土资源公共产权的空间。同时，相关管理

部门对开荒、取水行为进行有意的放纵或执法不严，也直接造成水土资源的无序开发。

5. 调查存在的不足与展望

从以上的调研中，基本验证了农业开发对流域水资源分配利用影响及其生态效应；验证了流域分割管理与产权不清是造成流域管理失灵、水土开发失序的重要原因；同时也进一步验证了流域农业开发行为缺乏"生态经济人"属性，从而导致"经济人"行为外部性。

但是，本调研也存在诸多的不足。我们调研的区域是经济、文化、教育都很落后的地方，而且少数民族群众较多。很多调研对象既不识字，也不懂汉语，而且很多群众对我们的调研不是特别的理解，导致调研工作难度很大。调研中有些群众对我们调研内容不是太理解，这需要我们的工作人员并通过翻译不停地进行解释，而由于这些群众缺少文化教育，其主观判断力都存在一定的缺失，因此，有些调研结果可能存在一定的失真现象。

另外，我们做的是农户行为调查，而真正进行大规模开荒的是一些大老板和承包商。而对这部分人，一是难以真正调研到其本人；二是这部分人所占比例小，但发挥的作用却特别大，我们在调研中难以反映其意志。还有，对流域的管理机构、地方与兵团行政机构，我们也没法做调查分析。这部分人素质较高，又代表着一定的利益群体，他们说的话虽然可能更有力度，但他们也难以讲真话，也不容易让其做调查问卷。我们调研组到兵团某团场去调查该团历年的土地开发数据、农业灌溉用水数据，但该团始终不愿意拿出真实的数据来，最后拿出来的数据，我们也无法确定其真实性。

同时，本调查问卷设计是基于对本研究的基本理论假设，调查研究也是在2010 年暑期进行并完成。但随着研究的进一步深入，我们在理论研究与实证研究上又取得了新的突破和创新，当初问卷的设计和基本理论假设已难以完全涵盖以后的创新研究。当然，任何研究不能做到尽善尽美，因为时间的限制，这也是在本研究的意料之中。以上这些问题，在时间允许的情况下，我们将做进一步的深入调研和研究。

第八章 水资源约束下的流域管理与水土资源开发对策

第一节 强化流域的统一协调管理

一、建立以水为核心的流域开发发展战略

1. 强化"以水定地"的流域开发战略

长期以来，流域水土资源开发没有根据流域的人口、资源与生态承载力而进行生产，农业垦荒活动也没有根据水资源的承载力而确定多大规模，而是根据区域经济发展要求需要多少开垦多少，是"以需定供"的开发模式。而流域"以需定供"显然是不现实的。必须改变改变过去盲目开荒，再盲目引水的局面。农业的发展必须以"以水定地、以供定需"，实施"总量控制，限额用水，远程监控，适时调度"的水资源统一管理，强化"以水定地"的流域开发战略。要根据初始水权分配方案，拟定源流与干流、地方与兵团的限额用水总量，然后确定流域各区域农业开发的规模。按照资源与环境的禀赋条件以及水功能区划，合理有序地规范经济社会行为，在水资源紧缺地区，特别是在干流河道两岸以及下游地区，产业结构和生产力布局要与水资源承载能力相适应，严禁不符合功能定位的开发活动，严禁超越水资源承载力的开发活动。

2. 严禁随意开荒和增加灌溉面积

根据《新疆塔里木河流域水资源公报》① 统计，塔里木河上游三源流的总用水量由 2005 年的 $138.05 \times 10^8 \mathrm{m}^3$ 增加到 2007 年的 $149.216 \times 10^8 \mathrm{m}^3$，两年增加了 $11 \times 10^8 \mathrm{m}^3$ 之多，源流区用水量不断增加，而且流域的用水主要就耗用在源流区，这主要是因为源流区不断开荒、不断增加灌溉面积所致。塔里木河源流区耗去了流域源流来水量的 80%，塔里木河干流区上游耗水量占来水量比例从 20 世纪 50 年代的 29.2%，增加到 21 世纪初的 46.6%。因此，要制定强有力的政策措施，控制土地开垦进一步扩大，加强对土地资源的管理，严禁随意开荒和增加灌溉面积。对非法开荒的要坚决予以退耕，彻底扭转扩大规模、粗放经营、抢占水资源的局面。土地管理部门应严格开荒用地审批计划，依据《新疆维吾尔自治区塔里木河流域水资源管理条例》第八条规定：未经国务院和自治区人民政府批准，严禁任何单位和个人开荒。依法治理盲目开荒问题。

3. 水资源利用要充分考虑生态环境需求

塔里木河"四源一干"均分布有大面积的天然绿洲，并与人工绿洲构成干旱区两大竞争性用水大户，以往多注重于"以需定供"来满足经济需水要求，而忽略了生态需水，造成绿洲截留水量比例过大，经济用水挤占荒漠生态用水，致使生态环境严重恶化。而生态需水没有实质的代言人或产权代理人，因此在水资源分配利用中总是处于被忽视和被牺牲的对象。中国工程院"西北水资源"项目组完成的《西北地区水资源配置、生态环境建设和可持续发展战略研究项目综合报告》提出："在西北内陆干旱区，生态环境与社会经济系统耗水量以各占50% 为宜。"而目前，塔里木河流域生态总缺水量达到 $12.99 \times 10^8 \mathrm{m}^3$，干流区生态缺水率占需水量的 39%。因此，应通过源流节水，还水于干流，还水于生态，改变目前生态用水被大量挤占的局面。

4. 合理处理地表水与地下水的关系

近年来，由于塔里木河来水枯竭，塔河两岸兴起了打井潮。大片新开的棉田靠的是井水灌溉。随着河水越来越紧张，井的规模和数量也急剧增加。而塔河两

---

① 新疆维吾尔自治区塔里木河流域管理局，新疆维吾尔自治区水文水资源局 2005 年，2006 年，2007 年新疆塔里木河流域水资源公报。

岸现在打的井水绝大多数是浅层水，而浅层水最终还是来自地表水。缺少地表水的补充地下浅层水就下降，就会威胁两岸胡杨林等植物的生长。原来洪水到来漫溢两岸，浇灌着胡杨林，而现在洪水到来先要补充已经消耗的地下水，便会减少流向下游的水量。因此，地下水的开发不能过头，过头了就可能产生生态灾难，随着地表水的利用和节水措施的实施，地下水补给量会越来越少，大规模农业开发将引起采补不平衡，给生态造成新的难以逆转的破坏。因此，要掌握好两个科学判据：一是采补平衡，动态总补给量不能大于总排泄量，反之，总排泄量也不能大于总补给量；二是采补平衡点在地下水位4m左右比较合适，太深了植被根系无法吸收利用，太浅了会出现次生盐渍化。

5. 正确处理源流与干流的水资源分配关系

历史上塔里木河有九条源流，但是随着各源流的水资源开发利用，大量水资源被引用于扩大绿洲面积，导致一些源流与塔里木河干流失去了联系。为了恢复和保护塔里木河干流的生态环境，国务院通过实施塔里木河流域综合治理工程，疏通四条源流为干流输水来保证干流水量。但是，如果把维持干流长年流水的任务都放在四条源流上，那么这四条源流的任务太重，特别是上游贫困地区还要发展经济，要考虑这些落后地区的发展用水权益。为此，要通过梳理塔里木河各源流水资源开发利用情况，考虑让其他更多的源流共同分摊向干流输水的责任，打通这些河流尾闾向塔里木河干流的通道，使节流与开源并重。

二、建立统筹全流域发展的水土资源管理体制

塔里木河流域水、土资源难以统一管理，关键在于体制不畅。以区域管理为主的体制必然导致流域管理的失灵，这种体制不能约束地方政府在水、土资源开发利用中的行为。流域源流区域内的主要河道、重要控制性工程、限额以下的取水行为均由地方水行政主管部门管理，塔里木河流域管理局只在干流河道内有一定的管理职能，流域管理机构只能从夹缝中寻求用武之地。

1. 实现流域源流与干流的统一流域管理

目前体制，塔里木河流域管理局实质上只能管理自身并不产流的干流，无法行使对源流区水资源所有权的管理，更难以对流域内水资源实施统一调度。为此，要将塔里木河源流水资源管理纳入流域水资源统一管理体系中，将源流区的阿克苏河、和田河、叶尔羌河、开孔河等流域管理机构整建制移交塔里木河流域管理局；把塔里木河"四源一干"作为一个整体，打破水资源发生和利用过程中的多元化状态，以流域生态过程完整性保持和上、中、下游可持续发展的平等权利为基本准则，改变过去"区域管理强，流域管理弱"的局面。

2. 实现流域管理机构和区域管理机构垂直管理

塔里木河流域现行的管理体制是源流的流域管理机构和区域管理机构合二为一，在管理层级上没有理顺流域与区域的管理关系。遇到地方利益和流域整体利益发生冲突时，由于源流的各流域管理机构隶属于地方政府管理，造成流域统一管理很难发挥作用。因此，必须将源流的流域管理机构和灌区管理机构分置，使源流的管理机构垂直于流域管理。分置之后，流域机构受流域管理局和地州人民政府双重领导。地方和兵团分别成立灌区管理委员会，分别管理各自所属灌区，同时接受流域管理机构的业务指导。这种流域垂直管理，并充分结合地方水行政管理的水资源统一管理模式，有点类似于我国的税务管理体制和工商管理体制，能够较好地处理区域与流域的关系。

3. 从硬件上实现流域重要水利骨干工程的统筹管理

由流域管理局直接控制关键的水利输水、放水工程，对提高流域管理局在水资源控制执行效率上，具有关键的作用。国内外一些先进的水利工程，能够通过计算机的控制，直接下达输水用水指令，保证了中下游水权利益的实现。但是，塔里木河流域过去已建的控制性水利枢纽工程，都由各地州和兵团直接建设和管理。因而，当地州和兵团拒绝执行流域管理局的水量调度指令时，流域管理缺乏更进一步的强制性措施。解决此问题的关键就是流域管理局要逐步对流域内重要取水口和骨干枢纽进行控制管理。可以通过各源流管理机构对各重要取水口和骨干枢纽进行控制管理。在条件成熟的情况下，部分设施先进的重要枢纽可由流域管理局进行远程监控，从而确保全流域的水量调度能按计划顺利实施。

三、加强对流域多重水土利益主体的协调管理

1. 加强对全流域多重利益主体的统筹管理

塔里木河流域涉及南疆五个地（州）的 28 个县（市）和生产建设兵团 4 个农业师的 46 个团场，存在利益主体多元化现象。塔里木河流域内的各地州、兵

团师既是源流区水资源的使用者，又是水资源的管理者，同时还掌握着土地开发的主动权。流域管理关系着社会、经济、政治、人文、科技、生态等多方面，单靠某一个部门是不可能完成整个流域的管理。必须按照权威、统一、高效的流域管理体制要求，健全流域管理与区域管理相结合、区域管理服从流域管理的体制，进一步明确塔里木河流域水利委员会和塔里木河流域管理局的职能，明确流域管理和区域管理的事权划分，建立统筹流域多重用水利益主体的管理体制。

2. 加强水利部门与农业、林业、生态部门的协调

在当前部门分割、多龙管水、流域机构协调职能实际还无法到位的情况下，政府应充分发挥其调控能力，在区域经济社会发展上，建立以水资源承载力为核心的管理机制，在水权明晰、总量控制、限额用水的前提下加强区域管理。流域内的任何经济、社会活动，以及农业、林业、生态等部门的统筹协调都必须遵循以水为核心，与水利部门协调为重要条件。

（1）统一规划流域经济社会发展。目前水资源综合规划是以水利部门为主，虽然也对灌溉面积、大农业结构、种植业结构等进行了规划，规划的过程中也征求了涉农部门的意见，但在水资源方面始终难以约束各涉农部门发展规划的总体布局和规模。地方政府一味地强调发展，涉农部门各行其是，造成全流域大面积开荒屡禁不止的局面。因此，必须改变流域发展单个部门前进的现状，特别是涉及农业水土开发的经济活动，必须要统筹规划、统一协调。要在统筹流域水土资源开发利用与生态环境保护、经济社会发展等部门管理方面，建立良好的协调机制，既保证流域经济社会发展，又保证资源可持续利用和生态可持续。

（2）协调发展与保护的问题。目前流域毁林开荒、毁草开荒的现象仍十分普遍，发展就是开荒的思维和行动惯性仍未得到有效的制止，根据《新疆牧区草原生态建设及水资源保障规划》，为了保护幼苗，防止土地沙化，禁止大规模放牧，塔里木河两岸被划为"河谷草地封育区"，然而，目前塔里木河两岸"过牧、泛牧"问题仍比较突出。在所有部门协调中，水利部门和环保部门的问题最为突出。流域过度开发，水资源不能满足生态需求，造成生态环境恶化。因此，必须把生态作为一个重要的用水户对待，打破长期以来经济社会系统发展挤占生态环境用水的局面。

（3）协调规模与效益的问题，塔里木河流域水资源利用中存在低效益问题

十分突出。一方面，大面积的低产田、弃耕地、盐碱地不去精心管理经营；另一方面，又大量地开垦荒地。特别是在干流河道两岸大规模开荒，对流域生态环境破坏是直接的、极其有害的，大面积种植水稻等高耗水作物更是极其错误的。因此，生产力的布局和发展规模一定要与水资源的承载能力、生态环境保护，以及资源投入产出效益相适应。

3. 促进兵团与地方政府在流域管理中的协调

在塔里木河流域地方行政管理与兵团管理交叉分布，在水资源开发利用和管理问题上，地方各自为政，兵团自成体系，形成了十分特殊的流域管理与区域管理、地方与兵团之间的水资源管理关系。因此，必须进一步界定好流域管理、地方政府与兵团管理的职能和关系，促进兵团与地方政府在流域管理中的协调。合理界定兵团和地方的水权分配方案，以水权管理为纽带，进一步明确政府水行政管理与兵团用水管理的关系。以流域管理局为统筹，以水为核心，促使兵团与地方严格执行《塔里木河流域"四源一干"地表水水量分配方案》、《新疆维吾尔自治区塔里木河流域水资源管理条例》以及相关的法律、法规，确保流域开发管理的统一性。

四、加强对流域水土资源开发的执法监督力度

近几年，针对流域的实际情况，出台了一系列的流域性法规，对推进依法治水，完善水资源管理体制，实现塔里木河综合治理目标，促进流域经济、社会、生态协调发展具有重要作用。但是，任何法律都要靠施行才能发挥效力。法律法规并不是越多越好，越细越好，而是管用就行；而且流域法律法规要保持与其他法规的一致性和协调性，减少包括管理体制、流域管理机构职能等在内的法律间相互冲突。因此，加强对流域管理的执法监督力度，是实现流域管理效益的关键。

2000 年 1 月 ~2003 年 4 月，针对塔里木河干流两岸部分单位和个人开垦荒地、扩大耕地面积的现象，流域管理局进行了两次大的调查，共查出开垦荒地约 $0.74 \times 10^4 hm^2$，其中地方约 $0.20 \times 10^4 hm^2$，兵团约 $0.54 \times 10^4 hm^2$。2003 年 10 月流域管理局与尉犁县人民政府成立了土地联合执法小组，两次对尉犁县境内的开荒情况进行了调查，共调查新开荒地 $164.67 hm^2$。本次调查得到国务院和自治区人民政府的高度重视。

因此，如果各区域主管部门都加强对水土资源的监督管理，流域的水土资源开发是可以得到有效控制的。2009年，新疆气候异常，大部分河道来水持续偏少，水库蓄水严重不足。尤其是南疆各师河道来水及水库蓄水较常年减少30%～60%，甚至出现塔里木河中游断水，下游农二师塔里木垦区全年未见塔里木河来水的情况。针对部分垦区水土资源开发中存在的问题，兵团明确提出了"四条令"，即严格禁止除国家和兵团批准之外的水土资源开发行为，严格禁止在地下水超采区开采地下水，严格禁止各类社会人员开发团场水土资源，严肃查处违法违规行为。各师、团场坚决执行"四条禁令"，坚持"以水定地"，取得了较好的效果。

第二节　强化流域水土公共物品的产权管理

一、明晰流域水土公共物品的产权

随着人口的增加、经济的发展和生态环境保护变得更加重要，水资源的稀缺性将更加突出，水权管理将变得更加重要。没有水权制度作保障，任何地区、任何个人都可以不顾他人的用水需求，随意地从河道中引水，其结果必然是上游地区占尽区位优势，中、下游地区饱受损害之苦，生态环境成为最大的受害者。

水土资源的公共物品属性决定了产权管理的必要性。共同使用稀缺的公共资源，必然导致资源的过度利用，并引发更大的争执和矛盾冲突。公共物品在产权没有明确之前，谁都可以任意地取用，但产权一旦明确，就成为私人拥有、私人享用的物权，受到法律保护。因此，明晰水土资源产权，实施水土资源产权管理，加强约束机制，对于有效地遏制水土资源"公地公水悲剧"的发生，具有重要的意义。

除了明晰水土资源产权外，对于流域的纯公共物品生态产权还要进一步明晰，并要得到足够的重视。同时，要明确好管理流域水土资源公共物品的水利工程产权，以便更好地确保水土资源产权的实现。所谓明晰产权，一是确定水、土资源产权。我国《宪法》第九条规定：矿藏、水流、森林、山岭、草原、荒地、滩涂等自然资源属于国家所有，即全民所有。二是确定水利工程产权。明晰工程产权，按公益性和经营性的不同程度，形成不同的产权归属和相应的经营收益权，确保所有者的基本权益。三是明晰流域生态产权。保护生态环境是流域水资源利用的重要目标，塔里木河流域水资源匮乏、生态环境系统十分脆弱，在水资源利用中，经常出现经济用水挤占生态用水的情况，因此，明晰生态产权管理，保障生态环境有人管、有人认、有水喝。特别是要明确生态的产权管理者和产权代言人，避免生态环境这种纯公共物品的产权没人管、没人问，谁都去捞一把，谁都去侵占一把的局面。

二、加强以水资源为核心的产权管理体系建设

水资源的稀缺性决定了水权管理的必然性。流域水权制度的建立过程分为三步：第一步，首先完成流域初始水权的确定，履行政府行政审批；第二步，加强政府的宏观调控和监督职能，充分发挥流域机构的依法行政职能，实施强制性节水和限额引水，逐步还水于生态；第三步，水价体系与水市场同步建设，发挥市场对水资源的调节与优化配置作用。

1. 流域水权市场主体

为保障各层次水权转让的有序进行，需要在流域内建立独立于买卖双方的、公正的管理组织来管理水权市场交易。塔里木河流域市场主体是流域管理机构、地方政府和用水户。针对流域特点，将流域的水权从上到下界定为：

一级水权——源流与干流水权。由于塔里木河干流自身不产流，明确界定各条源流供给干流的水量，是流域水权划分的关键。源流与干流区构成了流域水权的一级用户。

二级水权——流域内行政区域间的水权。其主要是指汇入塔里木河干流的四个源流内部地方与兵团的水权划分，及干流区上、中、下游的水权划分，是构成塔里木河流域水权的二级用户。

三级水权——行政区内地方县（市）、农业师各团场子行政区之间的水权，这些子行政区构成了流域水权的三级用户。

四级水权——子行政区下的各用水户构成流域水权的四级用户。水资源利用的最直接用户是以企业或家庭为主的社会团体或用水个人，水资源在这些团体与个体用水户之间分配。

以上四级水权市场中，如果水权市场主体是流域管理机构或政府，则水权交易的范围较广，交易量大，通常需要经过水利工程远程运输，如果不能实行直接交易，则要采取水权置换的方式。四级市场上用水户之间的水权交易通常在一个渠系范围内，交易范围窄，水权数量小，有的可以采取水票流转的形式。水权交易除了发生在流域管理机构之间、政府之间或者用水户之间外，还有一种交易形式是交易一方为流域管理机构、地方政府和兵团，另一方为用水户。

流域管理机构和地方政府是生态环境水权、预留水权、待分配水权和无主水权的拥有者，它们在流域或区域内水权市场上参与水权的买卖，一般情况下有两种目的：一是公共水权的需要，如满足生态环境用水和应急用水的需求；二是调节水权市场的供需平衡，稳定市场交易价格。在四级水权市场上，由于用水户多而分散，也由于集中管理、节约交易费用等原因，除用水大户由于交易量大可以直接参加交易外，也可以采取委托代理交易，通过水银行交易。

在初始水权界定的四个层次中，一级水权和二级水权的分配是最关键的。塔里木河流域水资源利用的最主要问题首先表现在一级用户水量分配不合理，干流水量得不到保障；矛盾突出体现在二级用户对有限水资源利用的争夺上，大量挤占生态环境用水。通过一级初始水权的界定，明确各源流向干流输送的水量，源流不能无故占用属于干流的水权。一级用户和二级用户的水权管理属流域管理的权属范围，三级用户和四级用户间水权管理属流域机构监督指导下的区域管理的权属范围。通过四级水权的划分，进一步明确了流域管理与区域管理的职责分工，也体现了在水资源管理上区域管理服从流域管理的理念。通过划分塔里木河流域四级水权的层次框架，逐层将水资源的使用权利配置给各用水主体（子流域、行政区、用水单位、个人），形成了自上而下的一条使用水资源的权力链。

2. 建立科学合理的水权分配体制

合理的水权分配制度将有利于水资源的优化配置，提高水资源的利用效益。水权分配涉及流域经济、社会、生态、人文等许多方面，塔里木河流域水资源配置可以根据用水的优先顺序确定水权的优先级，用水优先顺序为基本生活用水、生态用水、生产用水，对应的水权优先顺序是基本水权、公共水权、竞争性水权。根据塔里木河流域水权初始分配原则，坚持基本生活用水、生态用水、农业用水优先（实际中，往往生态用水处于用水链的最末端，而常常被其他水权所占用）。在它们取得初始水权的基础上，随着区域经济的发展，在区域内所取得的水权进行适时的调整，以满足生活、生产、生态的基本用水需要。

3. 建立良好的取水权许可制度

取水权许可制度主要是指取水许可证的核发、登记、交易、注销，这是落实初始水权的关键。要根据初始水权分配方案，加强对已配置的取水许可的调整和管理。建立以水权制度为基础，取水许可为手段，水量适时调度为保障，总量控制、定额管理为目标，合理配置生产、生活、生态用水。对内陆干旱区，工业和城镇生活供水保证率应达到 95% 以上，农业灌溉设计保证率为 75%，生态用水保证率为 50%。根据水量预报及实际来水情况，按照"丰增枯减"的原则实行适时调度，确保流域水资源的合理配置。

按照《新疆维吾尔自治区塔里木河流域水资源管理条例》要求，对各重要源流的取用水情况进行全面调查，提出重要源流及其取水限额指标，实施限额以上取水口的取水许可管理。依法加强水行政主管部门对水资源的统一管理，在源流区，流域管理局和各区域水行政主管部门审批取水许可水量之和，不得超过经批准的分配给各源流水量分配指标。凡属各区域水行政主管部门审批、发证的取水项目，须报塔里木河流域管理局审核同意后方可发证。

三、加强公共物品产权的监督管理与利益落实

邓铭江（2009）提出，"资源塔河"、"水权塔河"、"生态塔河"的概念。其中指出：建立"水权塔河"管理体制的一个重要目的，就是要分级明晰水资源的使用权，达到保护水资源的职责。"水权塔河"是在塔里木河干流自身不产流，源流来水量日趋减少，水质日趋恶化的背景情况下，以全面科学的流域规划为依据，运用行政、法律和市场经济手段，在全流域建立以水权管理为核心的水资源管理体制。"水权塔河"的实现，关键是对水权的监督管理到位，确保水权的不流失。

1. 建立科学的用水指标体系

塔里木河流域长期以来缺乏科学的用水指标体系，流域、区域可利用水量界定不清，不仅地区间争水、抢水现象突出，而且区域内工业、农业、生态、生活可利用水量缺乏定量指标，各种用水多处于无序竞争状态，生态用水常常被挤占，水权市场难以建立，水资源优化配置不能顺利实现。许多地区地下水超采、河流断流等严重的生态问题相继出现。

建立用水指标体系，合理配置水权，是用户对水资源进行利用的基础，也是完善水市场的前提。在推进水权制度改革中，首先面临的问题就是如何合理分配初始水权，而解决这一问题，就必须加强用水定额管理，建立起科学的用水指标体系。宏观上，通过水资源的宏观指标控制用水总量，以此决定经济发展与生产布局；微观上，通过用水定额指标将水资源指标具体化，规定各类产业、每个单元耗水的多少，使每一项用水都有定额指标。

结合塔里木河流域实际情况，流域用水指标体系和水权分配应有如下原则。总量控制与宏观调控原则，根据水资源总量，统筹考虑流域人口基本生活用水量、生态需水量、国民经济用水量，确定不同用水的比例关系，"以水定需、以水定产、以水定地、以水定发展"，使人口数量、经济发展规模、生态环境保护在水资源可承载的能力范围之内；尊重历史和维持现状原则，尊重源流与干流、地方与兵团取水的历史沿革，考虑现状各部门、各个体的取用水情况，避免产生不必要的纠纷；促进公平与兼顾效率原则，取水许可应当首先保证居民生活用水和不需要申请取水的规定，在不影响全局的情况下，尽量使水配置到效益较高的产业和部门；重视生态及保护环境原则，根据流域水资源的承载力，在合理配置生活、生产、生态用水的基础上，明晰地划分生态水权；建立政府预留应急水权的原则，为应对突发事件，同时考虑政府调控一部分水资源作为今后经济发展、生态环境用水需求，预留一部分水资源作为政府预留水权。

2. 确定合理的水权分配方式

水权分配方式主要有三种：一是根据需水主体划分，即人类生存和生活基本用水、农业用水、经济用水、生态用水和其他用水；二是根据流域和区域划分，即流域的上、中、下游，地方与兵团行政管辖范围，地表水、地下水的分配问题；三是水能、水域、水质、水环境承载力等方面的分配。在塔里木河流域目前的情况下，如何进行地州间与兵团农牧团场间的水权分配，是流域实现水资源有效分配利用的关键。地州间与兵团水权分配要求根据社会、经济、环境、资源、人口等方面的差异，首先确定一个水权分配的基本原则，然后在该原则的基础上提出一个合理的、适当的水权分配方案。为避免各流域径流量的随机性对各地区来水量带来的不确定性，水权的分配可以采取比例水权形式，即以流域径流量（或者来水量）的比例来定义水权，这样实际各行政区域水权可以定义为相应河段来水量（径流量）的一定比例，从而形成比例水权分配方案。

由于历史原因，塔里木河流域各地州与农牧团场的水资源开发利用程度不同，以及存在人口、资源、经济等影响因素的不对称性局面。因此，在流域水资源短缺、生态环境恶化的形势下，经济发展布局、农业生产开发、重大项目建设都必须充分考虑水资源和生态环境承载能力，充分协调生活、生产、生态用水，保证水资源的合理需求，实现水资源的优化配置，解决好水资源开发利用与保护的关系，从而以水资源的可持续利用，支撑流域经济社会的可持续发展。

3. 加强水权制度的监督执行力度

塔里木河流域实行水权制度和进行水权流转以后，改变了以前的用水方式和用水习惯，打破了原有的用水格局，用水户的利益要在水权制度基础上达到新的平衡，短时间内一些地方用水关系会紧张，水事纠纷增多，局部矛盾有加剧的趋势。因此，要进一步加强水行政执法监察，查处各类侵害水权的违法案件，维护流域内用水户水权权利和水权流转秩序。积极开展流域内水权法律、法规宣传教育，不断提高流域内依法用水、维护水权权利的自觉性。

根据 2011 年中央 1 号文件精神，要对区域行政负责人实施严格的水资源管理考核制度。加强县团级以上地方政府主要负责人对本行政区域水资源的监督管理力度，将落实流域水量分配方案和年度调度计划纳入流域内各级行政领导任期考核目标中，建立责任追究制度。水行政主管部门会同有关部门，对各地区水资源开发利用、节约保护主要指标的落实情况进行考核，考核结果交由干部主管部门，作为地方政府相关领导干部综合考核评价的重要依据。

第三节　建立合理的市场调节机制与
塑造"生态经济人"行为

一、建立基于市场经济机制的水权交易体系

水权交易是水权供求双方在水市场上进行水资源使用权、经营权的买卖活动。一旦各消费水权主体基本水权得到分配确定，必然会出现一些供需不平衡的现象，这就要求进行水权交易。《塔里木河流域综合治理工程与非工程措施五年实施方案》对源流与干流、生态用水与国民经济系统用水以及地方与兵团均提出了明确的水量分配方案，这为明晰水权、总量控制、限额用水、加强水资源统一管理提供了基本保障。必须加快水权水市场建设，以水资源价格为杠杆，以市场机制为动力机制，促进水权市场的有序转让。要加快形成一套水权转让的政策法规和技术规范，做好初始水权的分配工作，积极支持、指导用水户间有序的水权转让。在法律法规、行政指导、金融市场、产权登记、中介服务等各方面保障水权水市场的有序运行。为实现水权交易的顺利进行，需要进行以下几方面的工作：

1. 水权机构建设与改革

根据水权交易的要求，对水管理机构体系进行调整和改革。首先，在地州与师一级进行地州水管部门在自治区水利厅的协调下实现地区间的水权交易。然后，在地区内部再由水管部门逐步分配到最终用户。交易市场的建立将涉及流域有关管理机构及其职能的调整和重新设计。尤其是需要转变目前仍然是行政事业型的水管理部门的职责，实现其向企业化经营的转变，这样才能建立起与市场交易机制配套的服务企业和管理机构体系。

2. 水价格制度改革

要从价格制度方面建立足够的激励机制，促进各地州与师一级及水用户实现合理分配使用，尤其是促进节水。要对供水成本的核算、水价定价制度进行改

革，建立合理的供水水价形成机制，实行合理的水价分类制度，以及水权交易价格制度。

3. 建立适合市场交易的水利基础设施

目前，农业灌溉用水基本无计量监测设施，严重制约着水权保障与水权交易。由于用水量不能准确衡量，不能实现计量收费，使人们节水意识淡薄。据调查，约80%的用水户认为，安装计量设施后能够节水1/4以上。因此，要对现有水利基础设施进行改造，建立一些新的水利设施，尤其是水文监测站和分水闸系统，建立起一套从地州师到用户的水测量机构体系和分水水利设施。要对地表水主要控制断面、渠道引水口、地下水开采、污水排放等开展适时有效的监测。

4. 建设流域水银行

水银行是水权交易的中介，一般在流域之间或者地区之间设立。美国等国家在很早之前就尝试进行了水银行的水权交易中介机构建设。根据塔里木河流域水资源分布特征、行政区划及水资源管理关系，可以在塔里木河流域管理局下设立水银行，隶属于流域管理局，作为水权交易中介，负责接洽、联系和运作流域内水权交易事宜。

5. 建立适时水权运作体系

由于每年源流来水量不均，来水量变化有随机性，仅通过初始水权难以反映流域水资源量的动态变化，也难以保证水权的实时交易。因此，要加强适时水权管理，提供准确的年、月、旬水量预报成果，根据预报来水量与实际来水量的差值，建立适时水权运行管理体系，为实现流域水权实时交易提供保障。

二、建立科学合理的水资源价格体系

水价格是水资源优化配置和提高水资源利用率最有效的市场调控手段。价格理论告诉我们，当某种资源的价格严重低于一般均衡水平时，便发生资源的浪费。长期以来，塔里木河流域内一直没有把水真正作为商品看待，水利工程水价远低于供水成本，不仅造成水资源的大量浪费，而且造成供水管理单位长期亏损，水利工程的正常维护与运行难以维持。价格没有起到调节水资源供需的杠杆作用，从一定程度上助长了水资源浪费现象，造成了用水效率不高、供需矛盾突出。各级水管理单位无法利用水价这一经济杠杆，进行水资源的市场调配。因此，应加大水价改革力度，建立合理的水价形成机制，促使水资源市场健康发展。

1. 确定合理的水价格

塔里木河流域农业灌溉用水占总供用水的 96% 以上，制定合理的农业用水价格对整个流域水资源的合理配置至关重要。因此，要制定好农业用水政策，特别是通过调整农业水价，发挥经济手段在水资源管理中的作用，对灌溉用水进行宏观管理和调控，逐步理顺供水体制，实现利用价格杠杆遏制日益严重的水资源短缺和用水浪费现象，提高灌溉用水效率，使水利工程的维护和运行步入良性循环的轨道，逐步满足恢复下游生态系统的需水量。

目前，流域农业水价普遍过低：阿克苏河流域农业灌溉水费为 2 分/m³；和田河流域 2.85 分/m³；叶尔羌河流域 1.2 分/m³；开都一孔雀河流域 3.7 分/m³，巴州平均水价为 5.57 分/m³；农一师水价为 12 分/m³；农二师巴州水管处水价为 7.43 分/m³（厂口水价）塔河水管处水价为 7.9 分/m³（厂口水价）。过低的水价，一方面使水管部门步履维艰，只能维持日常运转；另一方面也起不到水价的经济杠杆作用，无法调节用水。

当务之急是将水价提高到成本水价的水平。然而，这同样是一项任重而道远的工作。塔里木河流域的农牧民大都比较贫穷，大幅度提高水价可能会使他们难以承受；另外，提高水价需得到行政领导的首肯。然而提高水价之后，必然会引起基层群众的反对，对自己的政绩起到负面作用，因而各届领导都不愿在自己的任期内提高水价。

2. 建立合理的水价形成机制

建立有利于节水的灵活水价制度。积极探索和推行"超定额累进加价"、"丰枯季节水价"、"两部制水价"、"阶梯式水价"等科学的用水计价制度，充分发挥价格杠杆对水供求关系的调节作用；全面实行有利于用水户合理负担的分类水价，根据用水的不同性质，统筹考虑不同用水户承受能力，实行分类水价体系。供水价格总体上分为农业用水和非农业用水两类，积极推进水价管理形式多样化和水价决策程序规范化。

各类用水均应实行定额管理，超定额用水实行累进加价，让水价真正起到调节用水作用。对超定额用水必须大幅度加价，如对于超定额 20% 以内水价可以加收基本水价的 50% ~ 150%，而对于超定额 20% 以上部分，可以加收基本水价的 100% ~ 250%。同时考虑到塔里木河来水严重不均，而用水更多是集中在枯水季节，供水价格可实行丰枯季节水价或季节浮动价格。

积极推行终端水价。终端水价包含灌区水管单位供水水价与末级供水费用，是农业用水户最终承担的水价。在灌区农业供水中推行"一价到户"，使广大用水户"用放心水，交明白钱"。推行"计量到组，按亩收费"，在每个村民小组的引水口安装计量设施进行计量供水，在用水组（小范围内）实行水费按亩分摊计算，从而使"大锅饭"变成"小锅饭"，实现真正意义上的"供水到户，计量到户"。

三、进行"生态经济人"行为塑造与市场机制建设

1. 倡导流域"绿色 GDP"，塑造"生态经济人"行为

要想获得流域的可持续发展，就要对人类行为进行约束，形成科学的流域发展观，促进流域的可持续发展。因此，关键就是要塑造理性的"生态经济人"行为模式。这个"生态经济人"不仅是指流域的农户个体行为要有生态经济的理性，而且是指涉及流域政治、经济、社会发展的共同群体行为，都要有"生态经济人"的理性。特别是我们的各级政府和管理者要具有"生态经济人"的行为属性，要树立可持续的发展观，去除以单纯追求经济利益而不顾生态环境的外部性行为，促进流域的可持续发展。

造成流域诸多问题的根本原因是保护与开发脱节，大家更重视的是生产力的发展，更看重的是 GDP 的增长。这种局面必须改革。要把在开发中落实保护、在保护中促进开发作为一条基本准则；要从单纯的治水向治水与治人相结合转变。塔里木河流域生态环境十分脆弱，如果不树立科学的发展观，必将使我们付出惨重的资源与环境代价。科学的发展观就是发展要顺应流域的自然规律，倡导可持续发展和"绿色 GDP"发展观。发展始终要立足于流域的水土资源承载力与生态环境承载力，发展要顺应干旱区流域的自然规律。

因此，对流域地方行政官员的考核要改变过去只注重经济发展，只看 GDP 数字的做法，注重可持续的考核机制，探索建立适合干旱区流域的"绿色 GDP"

考核指标体系。要落实 2011 年中央 1 号文件《中共中央国务院关于加快水利改革发展的决定》，落实 2005 年《自治区人民政府关于报送塔里木河流域违法开荒情况的紧急通知》，以及《塔里木河流域管理条例》等文件精神，落实各级党委和政府责任，将水资源利用纳入考核内容，同时要将耕地保护、禁止开荒、保护生态等纳入干部考核，作为干部提拔任用的条件。

要通过宣传教育，关键是通过体制机制作用，塑造"生态经济人"行为。首先，要特别关注对流域水土资源影响较大的大承包商，他们的行为如果得不到约束就很容易产生经济外部性行为。要重点对他们进行监督管理，在无法限制其农业开发和开荒的情况下，要采取其他的补救措施。一是收取生态环境保证金，使其尽量避免新的开荒，在农业开发中注重生态保护，注重土壤养护，防止农业弃耕、防止白色污染和农药污染。二是对他们占用过多的水土资源、破坏生态环境资源等行为，收取他们的水土资源补偿金和生态补偿金。三是严格查处官商勾结，一旦有这种关系存在，他们的"经济人"行为将危害更大，而且难以查处。

同时，我们还要通过一定的机制，积极倡导节水行为和生态保护行为，从市场机制上塑造"生态经济人"行为。通过宣传教育，以及科技进步，将先进的节水技术、生态农业技术、环境保护知识传导给农户，使农户树立正确的发展观，使他们能清醒地意识到什么行为是有益的，什么行为是有害的，教育他们都要有可持续发展意识，逐步养成"生态经济人"行为模式。政府可以在节水设施建设上进行一定的公共投入，农户可以组建协会等形式集资促进生态节水农业开发；政府还可以对节水行为，生态耕作行为，以及生态环境保护行为进行奖励和补贴，引导农户积极采取"生态经济人"行为模式。

2. 建立水资源补偿机制，补偿"生态经济人"行为损失

由于塔河流域各地州、兵团师在对水资源的开发利用上存在不同程度的偏差，抢占、挤占他人用水以及生态用水的问题比较突出，但目前流域内又无有力的管理措施。现行的管理手段只是当用水单位发生了超限额用水，流域管理部门只能按相关法规对其进行轻微的罚款，但罚款的数额与其多引水而带来的水费收入相比，超限额用水的单位并没有受到教育、惩戒作用。例如，A 单位在一个水量调度年度内超引用了 $3 \times 10^8 \mathrm{m}^3$ 水，塔管局按照相关法规对其进行 10 万元罚款。但是按照当地平均水价，$3 \times 10^8 \mathrm{m}^3$ 的水费收入为 300 万元，最终结果是 A

单位抢占了 $3 \times 10^8 m^3$ 水量,反而还多收入了 290 万元的水费。看似处罚,实则为奖励。这种生态保护与经济利益关系不协调,管理机制的软弱无力,使流域内原本脆弱的荒漠生态面临更大的生存困难。要解决这个问题,就必须按照"谁开发、谁保护,谁破坏、谁治理,谁受益、谁补偿"的原则,尽快出台《塔里木河水生态补偿条例》,加快建立塔里木河流域生态补偿机制。

由于塔里木河源流及上游区耕地的过度开发加大了用水量,挤占了下游的生态用水,导致下游生态环境恶化,农牧民的生产、生活受到了严重影响。因此,源流及上游区的受益方应该对下游区做出经济补偿(如果源流及上游区出让水权给中、下游,以保证中、下游生产、生活与生态需求,则中、下游要对上游区进行经济补偿)。经济补偿要考虑下游地区目标水量与实际水量的差距、目标水质与实际水质的差距,差距越大,补偿标准越高;要考虑源流和上游地区放弃部分用水权会产生多大损失,损失越大,补偿的标准就越高。

因此,要补偿为促进流域水资源合理分配利用,促进流域可持续发展而放弃享有一定水资源的"生态经济人"行为。通过市场的补偿机制,引导人类合理的水土开发行为,建立合理的水资源补偿机制。一要保障农民的切身利益,尤其是贫困地区农民利益。二要政府通过制定政策、财政转移支付、水市场收入,以及对基础设施的投资和补贴等多种措施进行利益补偿。三要以实现生态与经济发展"双赢"为目标,积极探索多渠道、多元化的水资源补偿机制。要按水资源多用途性制定相应的补偿办法,再根据水资源用途的具体特性和具体使用情况,分别制定补偿标准。在水资源统一管理的前提下,建立耗费水量补偿、占用水域补偿、利用水能补偿、破坏水生态环境补偿和污染水质补偿等制度。同时,通过市场机制与价格杠杆,以及行政处罚等方式对过度占有水资源的"经济人"行为,进行收费或处罚。全面实施水资源补偿制度,可促进水价形成机制,发挥市场经济的杠杆作用,彻底改变水资源的廉价使用,有利于促进"生态经济人"行为形成。

3. 建立生态保护补偿机制,补偿"生态经济人"行为损失

生态补偿机制是以保护生态环境、促进人与自然和谐为目的,根据生态系统服务价值、生态保护成本、发展机会成本,综合运用行政和市场手段,调整生态环境保护和建设相关各方之间利益关系的环境经济政策。

塔里木河流域是我国的荒漠区，属典型生态脆弱区。流域自然资源的相对丰富和生态环境的极端脆弱交织在一起，严峻的荒漠化现实使得对生态环境的需求极为迫切。但是，长期以来流域各地州、兵团各师团持续的农业开发引水，挤占生态水的问题比较突出，导致生态环境恶化，影响了流域的可持续发展。农业开荒及灌溉面积的增加，造成区域用水量的增加，其后果必然是挤占其他区域用水，或挤占生态环境等其他用水对象的用水。这样就加重了源流与干流以及各灌区间的用水矛盾，进一步导致生态环境缺水，以及生态环境恶化。在农业开发进程中，有的地方可能因资源而受益，有的地方可能因保护资源而利益受损，这就需要协调处理好流域与区域之间、区域与区域之间、经济社会发展与生态环境保护等方方面面的利益关系，如果不能处理好这些利益关系，就难以调动社会各方面的积极性，难以实现保护生态环境建设目标。

　　生态保护与经济利益关系不协调，使流域内原本脆弱的荒漠环境面临更大的危机。因经济社会活动对生态环境造成损害的，责任主体不仅有责任修复生态环境，而且有责任对受损者作出适当的经济补偿。建立生态效益补偿机制也体现了公平公正，责权一致的原则。因此，应按照"谁开发、谁保护，谁破坏、谁治理，谁受益、谁补偿"的原则，加快建立塔里木河流域生态补偿机制。生态补偿涉及复杂的利益关系调整，目前流域应全面分析影响生态补偿的各种因素，努力探索生态补偿标准体系，以及生态补偿的资金来源、补偿渠道、补偿方式、保障体系和评价体系，使生态补偿机制在实际操作中易于实现。

　　针对流域内占用他人限额用水问题，应实行给被占用者经济补偿制。抢占、挤占生态水，除了在流域内通报批评和一定数额的经济罚款外，应由塔里木河流域管理局强制要求占用者按累进加价的方法和规定的标准缴纳生态补偿费，价格应为当地水费的3~5倍或5~10倍，具体补偿标准将进一步论证。要使占用者无利可图，节约用水、不超用水者不吃亏，促进流域经济社会全面协调可持续发展。如上述A单位用完了自己的限额水量却仍不能满足自身用水需求，又要求占用B单位的限额水量，造成的结果是"一失一得"，即B单位既失去了应有的限额指标内的水量，又失去了这一部分水的水费收入，而失去的这些损失全部由超限额用水的A单位无偿得到。这种现象既不利于节水型社会的建立，也不符合市场经济规律。因此，应建立占用他人限额内水量的补偿机制，通过强劲的管理机制，促进节约用水，推进节水型社会的建立。

生态建设是一项社会化的系统工程，建立生态效益补偿机制仅有政府行为还不够，需要多方并举、共同推进。既要坚持政府主导，努力增加公共财政对生态补偿的力度，也要积极引导社会各方参与，探索多渠道、多形式生态补偿的方式，努力拓宽生态补偿的市场化、社会化运作路子。

4. 建立农民用水协会，组织保障"生态经济人"行为模式

要成立农民用水者协会，从组织上保障"生态经济人"行为模式的有效运行，使个体行为变成有组织的生态经济行为，不仅可以从制度与管理机制上得到保障，而且也可以减少"经济人"的行为外部性，以及可以减少从"生态经济人"向"经济人"过渡所带来的利益损失。农民用水者协会可以形成公开透明、多方参与的民主管理机制。协会的建立要体现水权分配的公开、公正、公平、透明，为用水户提供了解内情、参与决策、表达意见的民主平台。协会有权参与水权的确定、水价的形成、水量水质的监督、公民用水权的保护、水市场的监管。同时赋予协会斗渠以下水利工程管理、维修和水费收取的权力，形成水资源管理各个环节公开透明、广泛参与的民主决策体制。

用水协会以村或渠系为单位，每个用水户确定 1 名会员组成用水户协会，每 5~20 个会员选 1 名会员代表，会员代表大会选举产生协会会长、副会长等，组成协会执行委员会。通过协会将水量配制到户，收缴水费、调处水事纠纷、管理渠系内部水量交易等涉水事务和管理维护田间工程，使协会成为连接政府与公众的组织桥梁、水务机关与社会达成共识的渠道。

各级水市场可以采用会员制的形式，会员由供水单位和用水者协会组成。一级市场有 5 个会员，二级市场有若干个会员，在四级市场上用水者通过用水者协会进行交易，具体办法是：先在用水者协会登记，由用水者汇总提出交易。在各用水协会内部，农户也可根据需要，进行水权交易。在用水协会内部交易，使农户能得到立竿见影的经济效益，刺激他们的节水意识。

第四节　加强农田水利基本建设与
促进流域经济社会发展

一、加强水利基础设施建设，科学开发水土资源

目前，塔里木河流域农业灌溉耗水量大，用水效率低，水资源供需矛盾突出；流域灌排设施不全，工程老化失修，耕地次生盐碱化严重，绿洲生态环境恶化，形成大量的中低产田，极大地影响了灌溉农业的效益。农业用水中蕴涵着巨大的节水潜力，节水增效、防治盐碱、高效用水是未来灌溉农业的必由之路。保持水盐平衡，防治耕地次生盐碱化，发展高效生态农业，优化农业结构，全面推进农业产业化是流域可持续发展的重要途径。

1. 大力推进节水农业发展

新疆具有典型的"绿洲经济，灌溉农业"特点，全疆水资源总量 $832 \times 10^8 m^3$，单位面积产水量仅为 $5 \times 10^4 m^3/km^2$，位于全国倒数第三。目前，全疆农业灌溉用水量 $438 \times 10^8 m^3$，占总用水量的 96%，而农业产值占全疆 GDP 的比重仅为 17%，形成巨大反差。到 2009 年末，新疆已建成高效节水灌溉面积 $66.67 \times 10^4 hm^2$，占现有总灌溉面积的 17.5%，其中滴灌 $58.13 \times 10^4 hm^2$、喷灌 $4.33 \times 10^4 hm^2$、管道灌 $4.33 \times 10^4 hm^2$。全区灌溉面积 $380 \times 10^4 hm^2$，仍有 82.5% 的灌溉面积沿用传统的灌溉方式，当发展至 $200 \times 10^4 hm^2$ 高效节水灌溉时，亩均定额从 $700 m^3$ 降低到 $400 m^3$，节水潜力巨大。2009 年自治区安排 1.8 亿元补助高效节水工程，每亩滴灌补助 100 元，其他节水工程每亩补助 30 元。2010 年自治区提高了对农业高效节水工程建设补助标准，每亩滴灌补助提高到 200 元。

新疆高效节水灌溉面积（含兵团）由 1999 年的 $5.8 \times 10^4 hm^2$，发展到 2009 年的 $123.33 \times 10^4 hm^2$，滴灌面积由 $0.15 \times 10^4 hm^2$ 发展到 $58 \times 10^4 hm^2$（其中棉花 $33.33 \times 10^4 hm^2$，小麦玉米 $4.67 \times 10^4 hm^2$，瓜果葡萄红枣等 $6.67 \times 10^4 hm^2$，加工番茄 $3.33 \times 10^4 hm^2$，打瓜 $3.33 \times 10^4 hm^2$，甜菜 $3.33 \times 10^4 hm^2$，葵花、油菜、土

豆等 $2.67 \times 10^4 hm^2$，其他 $0.67 \times 10^4 hm^2$）。灌溉水利用系数达 0.466。工程节水灌溉面积由 1999 年 $126.53 \times 10^4 hm^2$ 发展到 2009 年的 $180 \times 10^4 hm^2$，占总灌溉面积的 47%。灌溉面积由 $334.2 \times 10^4 hm^2$ 发展到 $380 \times 10^4 hm^2$，增加 13.7%。粮食灌溉水分生产率由"九五"末的 $0.49 kg/m^3$ 提高到 $0.7 kg/m^3$，与 1999 年相比，每年全疆节约水量达 $40 \times 10^8 m^3$ 以上。

节水滴灌的效益：以棉花为例，膜下滴灌较沟灌节水 50% 左右，肥料及农药投放减少 30% 以上，减少化肥使用和病虫害防治成本，提高土地利用率 5% ~ 7%，亩节约劳动力 30% ~ 50%，机耕费 20% ~ 40%，提高了作物的产量和品质。产量方面，棉花亩增皮棉 20 ~ 50kg，小麦 100kg，哈密瓜亩增 1000kg，加工番茄增 $2 \times 10^4 kg$，辣椒亩增 600kg，打瓜增 50kg。

表 8-1 节水灌溉技术在新疆的推广应用规模情况   单位：$\times 10^4 hm^2$

年份	2003	2004	2005	2006	2007	2008	2009	累计
兵团面积	18	26	32.8	39.87	47.2	55.33	65.33	284.53
地方面积	0.13	0.33	0.87	3.33	7.33	34.27	58	104.27
合计	18.13	26.33	33.67	43.2	54.53	89.6	123.33	388.8

注：表内数字供参考，数据来源：新疆天业集团公司。

2. 加强农田水利基本建设

水利是现代农业发展不可或缺的首要条件，是经济社会发展不可替代的基础支撑，是生态环境改善不可分割的保障系统。加快水利改革发展，不仅事关农业农村发展，而且事关经济社会发展全局；不仅关系到防洪安全、供水安全、粮食安全，而且关系到经济安全、生态安全、国家安全。温家宝（2010）提出："治西北者，宜先水利。"自西汉屯田西域开始，历代主持新疆开发者都把兴修水利作为发展新疆农业和其他事业的基础。林则徐大力组织修建的坎儿井至今仍造福着新疆各族人民。新疆水资源开发利用要坚持节约优先、合理开发、优化配置、强化管理的原则，统筹谋划和推进流域开发建设和流域综合治理，保质保量完成水利枢纽、干渠、水库和防洪工程建设及前期工作，兼顾生产、生活和生态用水。

中央［2011］1号文件指出，国家计划在"十二五"期间，农田灌溉水有效利用系数提高到0.55以上，基本建成水资源保护和河湖健康保障体系，重点区域水土流失得到有效治理，地下水超采基本遏制；基本建成有利于水利科学发展的制度体系，最严格的水资源管理制度基本建立，水利投入稳定增长机制进一步完善，有利于水资源节约和合理配置的水价形成机制基本建立，水利工程良性运行机制基本形成。温家宝（2010）提出：新疆农业用水占总用水量的96%，一定要把大力推广节水灌溉技术作为主攻方向，力争到2020年基本完成规划内大型灌区续建配套和节水改造任务，农业灌溉有效利用系数提高到0.57，农业用水比重降到90%以下。同时，《2010～2015年新疆农业高效节水工程建设规划及实施方案》计划到2020年基本完成规划内大型灌区续建配套和节水改造任务，计划每年新增农业高效节水面积300×10⁴亩，亩均补助300元。

大力发展节水灌溉，加快农田水利基本建设。加大投资力度，鼓励和引导广大群众大力发展节水灌溉。推广渠道防渗、管道输水、喷灌滴灌等技术，积极发展旱作农业，采用地膜覆盖、深松深耕、保护性耕作等技术。稳步发展牧区水利，建设节水高效灌溉饲草料地。做好塔河综合治理项目、开都河—孔雀河等流域的全面规划和独立小河流域的综合治理项目和各大灌区的节水改造和渠系配套建设，以促进博斯腾湖周边、各河流域水土流失治理和生态环境治理工作。不断探索节水灌溉投入的新机制，保证节水工作健康有序的发展。

完善农田水利基本建设新机制。积极推行小型农牧水利工程产权制度改革，按照"谁受益、谁负担，谁投资、谁所有"的原则，以明确工程所有权、规范管理权、搞活经营权、保障收益权为重点，初步建立"职能清晰、权责明确"的水利工程管理体制；建立"管理科学、经营规范"的水管单位运行机制；建立"市场化、专业化和社会化"的水利工程维修、养护体系；建立合理的水价形成机制和有效的水费计收方式；建立规范的资金投入、使用、管理与监督机制；建立完善的政策法律支撑体系，大力发展民营水利。

确立用水效率控制红线。加快制定区域、行业和用水产品的用水效率指标体系，加强用水定额和计划管理。对取用水达到一定规模的用水户实行重点监控。水资源配置要服从基本准则：一是生态准则，经济耗水和生态耗水比例大体一半对一半，超过了50%的地区应以节水为主，没有超过50%的地区则开源与节流并重；二是经济准则，比较节水边际成本和开源边际成本，边际成本低者优先；三是效益准则，凡是用水浪费地区，即使存在供水不足，也应以节水为主，对于节水水平高、用水效率高的地区，在节水的同时，应积极开源。要根据生态标准、经济标准、效率和效益标准确定开源和节水关系。

二、提高土地资源利用效率，大力发展现代农业

土地可持续利用就是实现土地生产力的持续增长和稳定性，保证土地资源潜力和防止土地退化。提高现有耕地资源的利用效率，大力发展现代农业，促进农业科技进步，普及节水灌溉，使土地用养结合，实现土地资源的可持续利用，提高流域农业经济效益和生态环境效益。

1. 加强土地保护与调控，促进土地资源合理利用

国家"实行世界上最严格的耕地保护措施"，具体包括：加强耕地保护立法；划定耕地保护区；强化全民保护耕地意识；加强农田基本建设，严格执行各项基本农田保护制度，提高耕地生产力。具体要求，一是健全土地管理制度，依法对土地开发利用进行动态监测和加大对土地违法案件的查处力度，进一步完善合理的土地供应机制。二是完善土地产权制度，提高农民保护耕地的积极性。继续加大对农户承包土地的年限，提高农民保护耕地的积极性。三是提高市场在资源配置中的基础作用，完善土地有偿使用制度。建立主要由市场调节的价格机制，推进土地资源的有偿使用。四是加快土地储备制度建设，加强对土地有形市场的管理和监督，完善和规范中介服务机构。五是建立耕地可持续利用机制。建立耕地资源可持续利用产权制度，建立耕地承包经营权动态流转机制，建立动态监督机制和耕地预警制度，建立耕地利用市场机制。

2. 提高土地资源集约利用水平

按照"合理利用、控制增量、盘活存量、提升质量、统筹用地"原则，严格控制新增用地规模，提高土地利用效益。对现有土地资源进行深加工、改造及调整，促进土地利用有序化、合理化、科学化，实现土地利用由传统粗放型向集约型转变。一是统筹规划生产用地、生态用地、经济用地，解决好农业用地和非农用地的矛盾。二是统筹安排工业化、城镇化用地，倡导工业向园区集中，居民向城镇集中、耕地向规模经营集中。三是提高土地利用效益，以中低产田改造为

主，盘活空闲地和低效用土地，严格控制农业开荒。四是保障生态用地，严格控制生态敏感区的土地开发，因地制宜地进行生态建设，进行植被适宜性区划。五是健全土地管理制度，对土地开发进行动态监测，进一步完善土地供应机制。

3. 大力发展现代生态农业

转变粗放的农业生产方式为生态农业耕作方式。采取"宜农则农、宜牧则牧、宜林则林"原则，促进已有农业用地的可持续利用。一是调整种植结构，改进传统的耕作技术和农业产业结构，实现棉花及常年种植物种的轮作。二是建立现代高效生态型栽培模式，在合适的地方开展"密、矮、早、膜"技术、农林间作立体种植模式、粮肥间作模式、林草田复合模式。建立现代的培肥体系，注重化肥与有机肥结合，大力发展生物施肥，增强土壤自身调控能力。三是按不同地域、条件、种养结构，有选择地实施"种、养、加、沼"结合模式，发展物质循环型生态农业，促进生态农业发展。四是建立农作物病虫害综合防治监控体系，减少或避免使用高残留、高危害的农药和杀虫剂。防治农业白色污染等农业环境污染，提高地膜回收率。五是积极发展现代信息农业、精准农业、机械化农业，推进现代农业发展。

4. 将土地资源开发与生态环境建设有机结合

流域土地资源开发利用应以生态环境保护为前提，过去我们在生态上已付出了沉重的代价，再也不能一味地去追求以开垦、耕种为目的，以牺牲生态环境为代价换取粮食的做法。要采取措施加快生态退化区的改善与恢复，以"宜乔则乔、宜灌则灌、宜草则草、宜荒则荒"原则，有步骤地做好天然林保护和封山绿化、加强流域生态环境保护和建设。遵循自然规律，在生态脆弱区，要有计划地进行退耕、退牧，部分地区可实施退耕还林还草、退牧封育，建设高水平人工草料基地。实施生态置换，逐步将畜牧业发展向建设绿色基地过渡，把不适宜农作物生长的中低产田还林还牧。充分发挥生态的自我修复能力，加快植被恢复和生态系统改善，及时将一些难以改造的低产耕地转为人工林地和草地，逐步将荒漠化的草地、林地封育起来，禁牧禁伐，使生态环境真正得到改善。

三、转变经济发展方式，促进人与自然和谐、人与社会和谐

党的十七大报告提出，"实现国民经济又好又快发展，关键要在转变经济发展方式方面取得重大新进展"，并进一步指出"转变经济发展方式，必须实现三个转变：促进经济增长由主要依靠投资、出口拉动向依靠消费、投资、出口协调拉动转变，由主要依靠第二产业带动向依靠第一、二、三产业协同带动转变，由主要依靠增加物质资源消耗向主要依靠科技进步、劳动者素质提高、管理创新转变。"

由于水资源是塔里木河流域赖以生存的命脉。因此，流域的经济社会发展布局必须以水资源承载力为依据。在基于"水资源为核心"的可持续发展观指导下，实现流域经济结构转型，使流域从传统农业经济向高附加值的生态经济发展方式转变。大力实施科教创新战略，以科技进步推进产业升级；建立生态经济发展模式，大力发展高附加值产业；积极推进城镇化、新型工业化和农业现代化建设；稳妥控制流域人口增长，全面提高人口素质，促进人与自然和谐、人与社会和谐。

1. 促进农业经济结构调整，实现经济增长方式转变

塔里木河流域属于生态贫困区域，这里的经济社会发展主要还是依靠以水、土资源为基础的农业经济。这种以农产品原材料为产出的经济发展模式，处于经济产业链的最低端。这种经济发展模式，不仅要耗费大量的基础资源，而且产出效率低下。为此，要有步骤地进行农业经济结构调整，实现经济增长方式的转变。通过产业升级，改变区域财政收入对农业经济依存度过高的局面，使区域政府财政从单纯依靠扩大农业开发规模实现经济效益，转向提高农业产值，实现农业集约生产，扩大农业产出效益转变。

塔里木盆地是我国主要棉花生产基地，这里土壤沙质，透水、透气、光照好，特别适宜种棉花，是世界棉花产的最优产区。沿塔河所见千篇一律铺着一条条薄膜的棉田。但是，棉花特别喜欢水，耗水量非常大，仅次于水稻，这是棉花的一个致命缺点。由于流域棉花占种植业比例过高，结构单一，由此造成了种植业子系统的自我调节能力、稳定性较差。而种植一些特色优势作物，如香梨、葡萄、苹果等水果，这些作物耗水低且经济价值高，还有甘草、罗布麻、枸杞等抗旱中药材，这些作物抗旱性强、耐盐碱，适合流域气候与土壤条件，经济效益也很可观，具有良好的市场前景。

2009 年，旱情较为严重的农二师，为了抗旱保收，进行农业产业结构调整，

取得了较好的效果。农二师对塔里木垦区 8.2×10^4 亩水资源利用率低、低产低效的土地实行休耕，同时大力实施"退棉进枣"措施，退棉 5.6×10^4 亩、进枣 5×10^4 亩。农二师还狠抓内部灌溉管理，力求实现有限水资源的高效利用。冬季灌溉前，这个师就对全年水量进行详细预测、分配，促使各团场根据水量调整灌溉。同时，2009 年，兵团发布了禁止水土开发的"四条禁令"，加大了农业开荒整治力度。兵团也按照"减棉、增粮、增畜、增果"方针，压缩棉花种植面积 116×10^4 亩，新建果园 35×10^4 亩，进一步优化种植结构，在一定程度上提高了水资源的综合利用率。同时也进一步增强了经济效益，促进了传统农业产业向现代农业的升级。

2. 大力实施科教创新战略，以科技进步推进产业升级

从经济发展机制看，相对于资源的利用，存在粗放型发展和集约型发展两种不同发展方式。粗放型发展依赖于生产要素的扩张，而生产要素的扩张主要是在规模数量、产值、速度和投入等方面，较少重视质量和效益。集约型发展依赖于现有生产要素效率的提高，而提高生产要素效率主要是依托于科技进步、节约能源投入和提高劳动者的素质和管理水平，并在生产要素效率提高的前提下，提高经济效益，增强产品竞争力，同时减少资源消耗和环境污染程度。

长期以来，塔里木河流域发展是依托资源和能源的优势，走的是一条粗放型的路子，带来的直接后果是经济效益低、资源浪费严重、生态环境问题突出、产业结构不合理、技术进步缓慢、产品质量低等一系列问题。因此，促进塔里木河流域经济发展方式转变，必须要建立在科教创新、技术创新的基础上。要以对口支援为契机，创新科技进步机制体制，建立以企业为主体的技术创新体系，坚持技术引进与技术创新相结合，以技术创新推动产业升级，提升产业的要素利用效率，增强可持续发展的能力。

科技进步要立足于改进传统农业水平，向现代农业发展，向节水农业发展；要立足于改造传统高耗能高污染的工业发展方式，向节能减排的新型工业发展，向立足塔里木河流域特殊资源禀赋的新型产业发展；要立足现代服务业发展，着力打造适合塔里木河流域经济社会发展的第三产业，实现流域三大产业的改造升级，促进生产力水平的提高和经济社会的可持续发展。

3. 建立生态经济发展模式，大力发展高附加值产业

深化农产品加工产业发展，特别是农、林、牧产品的加工，拉长产业链，增加附加值，促使农产品生产和加工向无公害、绿色和有机食品方向发展。建立以农业为基础，逐步向工业转化的经济发展体系，以此带动相关的加工、包装及运输业的发展，形成初级工业体系产业链。推进"公司＋农户"的订单农业模式，促进农业产业化，推动传统农业产业升级，为农牧区剩余劳动力转移提供就业空间，促进农民增收。

充分利用塔里木河流域优势的光热资源，发展能源产业和循环经济，发展适应干旱区流域生态环境的工业（低污染、低耗水工业），发展生态旅游产业，逐步改变农业经济比例过大的局面，通过多种经济发展方式使当地职工群众脱贫致富，以减少对流域水、土资源过多的依存度，对传统农业经济的依存度。大力扶持生产性服务业，加快发展科技研发、现代金融、物流信息等行业，促进商贸服务、社区服务、住宅产业、中介服务等生活性服务业发展。发挥沿边开放优势，在重点地区建设一批起点高、规模大、辐射强，集运输、仓储、包装、流通加工、配送等功能一体的物流基地或物流中心，有效地促进产业升级。

4. 积极推进城镇化、新型工业化和农业现代化建设

推进城镇化、新型工业化和农业现代化建设（以下简称"三化"建设），是当前新疆经济发展方式转变过程中的一项重要任务。塔里木河流域人口集中度低，城镇化建设滞后，城乡差距逐渐拉大，只有以城镇化建设为突破口，实现集聚经济，才能实现跨越式发展。以绿洲为生存基础的社会和经济发展模式与以高度聚集性为基本特点的城市化具有很强的相关性，发展中心城市是对城市化高度聚集性的最好选择，能够避免塔里木河流域地域广阔造成的人口和经济过度分散，提高经济和人口的空间集中程度，形成一定区域内的经济集聚和规模效益，降低经济社会发展成本。

新型城镇化的发展，需要在培育中心城市的同时促进县域经济社会发展，推动城乡一体化发展。发展县域经济是统筹工业化、城镇化和农村劳动力转移，为城乡一体化发展、建设小康社会的基础。县域经济发展不能"小而全"，要"宜农则农"、"宜工则工"、"宜商则商"、"宜游则（旅）游"，注重发挥比较优势，突出重点产业。新型城镇化是促进农村人口非农化生产生活方式转移的承接点，

加强新型城镇化建设是打破城乡二元分割体制，促进流域城乡结合，提高人民生活水平的重要途径。因此，应大力加强流域城镇化建设，提高城镇化率和城镇化水平，提高人民生活水平。

5. 稳妥控制人口增长，促进人与自然和谐、人与社会和谐

人类活动是环境变迁中最活跃、最能动的因素，这在自然生态环境脆弱的地区表现得更为明显。塔里木河流域属于生态环境脆弱的干旱地区，人类活动对环境的影响在近200年来越来越强。因此，必须科学地控制人类活动强度，减少人类活动对流域的负面干扰。一要严格控制人口规模，做好计划生育家庭奖励扶助政策，积极稳妥地在少数民族中推行计划生育。对少数民族家庭实行计划生育免费服务，建立和健全计划生育社会服务体系，加强宣传教育，增强计划生育意识。二要逐步在生态脆弱区、不适合人类居住区实施生态移民，移民人口向可控人工绿洲、城镇集中。严格禁止对原始生态区、自然保护区、天然草场等地的农业开发等相关人类活动，把人类活动对自然的逆效应降至最低限度。三要大力发展科技教育，全面提高人口素质，提高生产力水平。加快推进少数民族"双语"教学，大力支持职业教育发展，提高青少年基本素质和专业技能水平，着力培育新型农民和产业后备大军，让青壮年在转移劳动过程中，参与并分享新疆以及整个国家工业化、城市化的成果。四要优化配置劳动力资源，稳步推进农村剩余劳动力转移，解决农村职工流失问题。目前，新疆南疆劳动力资源丰富，劳动密集型的传统工业仍有很大发展空间，要在提高新疆产业整体竞争力和效益的同时，增强工业化对城乡劳动力的吸纳能力，有效缓解城乡就业压力。劳动力转移对流域经济增长具有较为明显的推动作用，农村剩余劳动力从低效率的农业部门转移到高生产率的非农业部门，有利于提高总量劳动生产率，促进整体经济的增长。

在新时期，在中央新的治疆方略指引下，新疆已经走上了跨越式发展和长治久安之路。中央新疆工作座谈会的召开和19个省市对口援疆，为新疆发展注入了强大的动力。中央为新疆的跨越式发展与长治久安制定了时间表和路线图：5年内人均地区生产总值达到全国平均水平，10年后和全国同步进入全面小康社会。

在中央的部署下，实施了一系列特殊扶持政策，资源税改革让资源开发更多地优惠于当地各族群众；加大投资、税收减免、金融支持、增加土地使用量、放

宽准入门槛等扶持政策，让新疆成为"投资热土"、"资金洼地"；扶持资金和项目向南疆三地州等困难地区倾斜，有利于促进南北疆协调发展。这为破解新疆发展中面临的资金、技术、人才等一系列问题提供了支持，同时也为南疆塔里木河流域经济社会发展带来了千载难逢的机遇。相信塔里木河流域只要处理好发展与可持续的问题，塔里木河流域的明天一定会更加美好。

第九章　结语

在人类文明史上，塔里木河流域是典型的绿洲文明，是世界上内陆河文明的典范。在塔里木的内陆河之中，塔里木河是最典型、最具动态能量，塔里木人称为"母亲的河"。近一个世纪以来，塔里木河一直在缩短并且北移，凡是失去塔里木河的地方，随之而来的便是沙漠化。

历史上，塔里木河水量充沛，是一条不安分的河、一条游荡的河，河流几乎与区域内较大的河流都发生过联系和交汇，而多年无节制的垦荒引水活动，造成了流域多处河流断流，多处湖泊干涸。持续与强烈的农业开发活动对水资源分配利用产生外部性影响。一是农业开发导致源流区耗水增加，进入干流区水减少，大量湖泊干涸、河流断流；二是对流域上、中、下游水资源分配产生影响，上游段耗水量和耗水比例持续增长，中游段耗水量较高但比例逐年减弱，下游段耗水量和耗水比例锐减；三是农业开发用水占用水比例过大，导致生态缺水，干流生态缺水率达需水量的39%；四是农业开发还导致产生水环境恶化，天然植被衰退，以及土地荒漠化等生态效应。

本研究认为：造成流域水土资源开发失序的原因有三方面：一是流域分别由塔里木河流域管理局、自治区与兵团不同的行政辖区，以及农业局、土地局、水利局、林业局等多个部门分割管理水土公共资源，以及流域源流与上、中、下游分割管理，"九龙治水"各管一段，导致流域"抽刀断水水不流"。二是由于荒地和水资源具有公共物品和准公共物品属性，其产权在分配使用上不能做到完全排他性，公共物品缺乏理性产权代理人，导致"公地公水悲剧"及公共产权流失；流域分割管理产生了不同利益主体，分割利益主体为了获取公共物品利益进行着盲目开荒和无序引水的博弈，其中，追求土地利益是造成博弈的重要原因。三是市场机制缺乏与生态经济人行为缺失导致外部性，各利益主体为了利益而过度的开发行为，具有典型的"经济人"行为外部性。同时，对流域公共物品开发利用的监督管理不够，流域的行政区既是水土资源的产权拥有者，又是水土资源的利用者，让他们来管理监督，就相当于自己监督自己，也就造成了流域管理纠正失灵。

为进一步了解农户的行为选择，本研究选择了塔里木河流域"四源一干"区域的 10 个县（阿合奇县、和硕县、洛浦县、焉耆县、阿瓦提县、巴楚县、若羌县、新河县、墨玉县、莎车县）和新疆生产建设兵团的 2 个团场（农一师五团、农一师六团）进行入户问卷调查。共发放调查问卷 750 份，收回问卷 654 份，回收率 87.2%。被调查者中汉族占 60%左右，维吾尔族和柯尔克孜族各占 20%左右。经过调查分析，农户的行为选择进一步验证了上述观点。

根据存在的管理体制机制问题，以及调查实证研究，本研究提出了水资源约束下的流域管理与水土资源开发对策：一是强化流域的统一协调管理。建立以水为核心的流域开发战略，形成统筹全流域的水土资源管理体制，统筹流域各用水主体，促进兵团与地方的协调，改变区域管理强，流域管理弱的局面。二是强化流域水土资源的产权管理。明晰流域水土公共资源产权，明晰生态产权，建立独立公正的水权交易市场，加强公共物品产权监督管理、有序转让与利益落实。三是建立合理的市场调节机制。建立科学的水资源价格体系，建立农民用水者协会，建立合理的水土资源与生态补偿机制，塑造各水土公共物品利益主体的"生态经济人"行为。四是加强农田水利基本建设与促进流域经济社会发展。大力发展现代农业，建立生态经济发展模式，发展高附加值产业；实施科教创新战略，以科技进步推进产业升级；稳妥控制人口增长，转变经济发展方式，促进人与自然和谐、人与社会和谐，促进流域的可持续发展。

塔里木河流域是我国第一大内陆河流域，流域气候干旱，降雨稀少，蒸发强烈，生态环境脆弱。这个区域经济贫困，是少数民族聚居区，在这个区域里发展经济是无可厚非的。但是，持续的农业开发活动既处于农业经济的最低产业端，经济效益差，同时，耗去了大量塔里木河水资源，也挤占了属于生态环境的那部分水资源，从而造成生态环境持续恶化。因此，在塔里木河流域特别是源流与上游扩大耕地的趋势，必须彻底制止；加强对水资源的宏观调控和市场机制建设，势在必行。否则，在塔里木河下游，又将有多少古老村落因为无水，而出现搬迁的悲剧，又将有多少个罗布泊消失在漫漫黄沙里！

但是，水土公共物品的管理是一个世界难题，当前和未来社会经济的竞争，也都将围绕水土资源进行。而流域不同于湖泊，它是流动的，是分上、中、下游的，相比"公共池塘"理论，它不仅具有公共物品的属性，而且具有管理分割的效用问题，而流域的管理与治理本身也是一个难题。在目前的体制机制下，建立市场的调节机制是促进水土资源管理和流域管理的长远之策；而加强行政执行力和流域的统筹管理，是当前塔里木河流域最迫切和暂时最有效的措施。对公共物品分割管理的理论与实践，笔者也将持续关注，并做进一步的深入研究。

参考文献

［1］奥斯特罗姆．公共事物的治理之道［M］．上海：三联书店，2000.

［2］R. 科斯等．财产权利与制度变迁［M］．上海：上海三联书店，1996.

［3］［美］R. H. 科斯．社会成本问题．R. 科斯，A. 阿尔钦，D. 诺思等．财产权利与制度变迁——产权学派与新制度学派译文集［M］．上海：上海三联书店、上海人民出版社，1994.

［4］［美］巴泽尔．产权的经济分析［M］．费方域，段毅才译，上海：上海人民出版社，2006 年．（Y. Barzel, Economic Analysis of Property Rights，trans. by Fei Fangyu & Duan Yicai, Shang hai：Shang hai People`s Publishing House, 2006.）

［5］阿尔钦．产权：一个经典的注释，财产权利和制度变迁［M］．上海：上海三联书店，1991.

［6］Y. 巴泽尔．产权的经济分析［M］．上海三联书店、上海人民出版社，1997.

［7］德姆塞茨．关于产权的理论．财产权利和制度变迁［M］．上海：上海三联书店，1991.

［8］E. G. 菲吕博腾，S. 配杰威齐．产权与经济理论：近期文献的一个综述：财产权利和制度变迁［M］．上海：上海三联书店，1991.

［9］道格拉斯·C. 诺思．经济史中的结构与变迁［M］．上海：上海三联书店，1997.

［10］丹尼尔·W. 布罗姆利．经济利益与经济制度——公共政策的理论基础［M］．上海：上海三联书店、上海人民出版社，1996.

［11］斯蒂格利茨．政府为什么干预经济［M］．北京：中国物资出版

社，1998.

[12] 斯蒂格利茨．微观经济学［M］．北京：中国人民大学出版社，2000.

[13] 新疆维吾尔自治区人民政府．塔里木河流域近期规划治理报告［M］．中国水利水电出版社，2002.

[14] 黄河水利委员会勘测设计研究院．塔里木河工程与非工程措施五年实施方案［R］.2002.

[15] 邓铭江．中国塔里木河治水理论与实践［M］．北京：科学出版社，2009.

[16] 陈亚宁等著．新疆塔里木河流域生态水文问题研究［M］．北京：科学出版社，2010.

[17] 樊自立．新疆土地开发对生态环境的影响及对策研究［M］．北京：气象出版社，1996.

[18] 唐德善，邓铭江．塔里木河流域水权管理研究［M］．北京：中国水利水电出版社，2010.

[19] 樊自立．塔里木河流域资源环境及可持续发展［M］．北京：科学出版社，1998.

[20] 新疆维吾尔自治区水利厅．塔里木河流域"四源一干"水资源合理配置报告［R］.2007.

[21] 王嵘著．塔里木河传［M］．石家庄：河北大学出版社，2001：397.

[22] 谢香方，原绍森．塔河中游治理［J］．新疆地理，1983：8.

[23] 孟凡静．基于生态承载力的阿克苏河—塔里木河流域可持续发展［D］．新疆科学院生地所，2003.

[24] ［美］普兰纳布·巴德汉．发展微观经济学［M］．北京：北京大学出版社，2002：163.

[25] Chennat Gopalakrishnan. The Doctrine of Prior Appropriation and Its impact on Water Develoment. The American Journal of Economics and Sociology，1998（6）.

[26] 托马斯·思德纳．环境与自然资源管理的政策工具［M］．张蔚文，黄祖辉译．上海：上海三联书店、上海人民出版社，2005.

[27] ［泰］布里安·兰多夫·布伦斯（Bryan Randolph Bruns），［美］露

丝·梅辛蒂克（Ruth S. Meinzen – Dick），田克军. 水权协商 ［M］. 北京：中国水利水电出版社，2004.

［28］ Marshall. A. Principles of Economics ［M］. London：Macmillan, 1920：226.

［29］ A. C. Pigou. 福利经济学 ［M］. 陆民仁译. 台北：台湾银行经济研究室，1971：111.

［30］ 科斯. 社会成本问题 ［A］. 财产权利与制度变迁 ［C］. 上海：上海三联书店，1994.

［31］ 曼瑟尔·奥尔森. 集体行动的逻辑. 陈郁等译 ［M］. 上海：上海三联书店，1995.

［32］ 巴泽尔，费方域. 产权的经济分析 ［M］. 段毅才译. 上海：上海人民出版社，1997.

［33］ Pigou. A. Economics of Welfare（4th edition）. Macmillan. London，1932：27 – 36.

［34］ Peter S. derbaum. Ecological Economics：a political economics approach to environment and development London：Earthscan Publications Ltd. , 2000：21 – 58.

［35］ Jeffrey AZinn CRS Report IB96030：Soil and water conservation issues ［EB/OL］ ［2007. 01. 17］ http：//www nationalagl awcen terorg /assets/crs/IB96030. pdf.

［36］ J. G. Head &C. S. Shoup, "Public Goods, Private Goods, and Ambiguous Goods", The Economic Journal, Vol. 79, No. 315（1969）, pp. 567 – 572.

［37］ S. E. Holtermann, "Externalities and Public Goods," Economica, Vol. 39, No. 153（1972）, pp. 78 – 87.

［38］ J. Hudson & P. Jones, "Public Goods：An Exercise in Calibration," Public Choice, Vol. 124, No. 3 – 4（2005）, pp. 267 – 282.

［39］ Francisco Candel – Sánchez, Economic Theory Volume 23, Number 3, 621 – 641（2004）, DOI：10. 1007/s00199 – 003 – 0384 – 1.

［40］ Johann K. Brunner and Josef Falkinger, Review of Economic Design, Volume4, Number4, 357 – 379, DOI：10. 1007/s100580050042.

［41］ Katharina Holzinger, European Journal of Political Research, Volume 40,

Number 2, 117 –138, DOI: 10. 1023/A: 1012933800614.

[42] Thorsten Bayindir – Upmann, International Tax and Public Finance, Volùme 5, Number 4, 471 –487, DOI: 10. 1023/A: 1008694605822.

[43] Roel Jongeneel, Ge Lan, European Association of Agricultural Economists, 118th Seminar, August 25 –27, 2010, Ljubljana, Slovenia.

[44] Slee Bill, Thomson Ken, European Association of Agricultural Economists > 122nd Seminar, February 17 –18, 2011, Ancona, Italy.

[45] Li, Le –jun, Asian Agricultural Research > Volume 2, Issue 05, May 2010.

[46] Yamaguch Chikara, Journal of Applied Economics, Volume7, Number 2, November 2004.

[47] Coase, R. H. The Nature of the Firm. Chicago: University of Chicago Press, 1937.

[48] Provencher, B, Oscar, B. A private property rights regime for the commons: the case of groundwater. American Journal of Agricultural Economics, 1994, 76: 875 –882.

[49] Marco Janssen, Bertde Vries. The battle of perspectives: a multi – agentmodel with adaptive responses to climate change [J]. Ecological Economics, 1998, Vol. 26: 43 –65.

[50] Mainguet M. Aridity: droughts and human development. Berlin: Springer, 2003.

[51] Poff N L and Hart D. How dams vary and why it matters for the emerging science of dam removal. BioScience, 2002, 52, (8): 659 –668.

[52] Adil Al Radif. "Integrated Water Resource Management (IWRM): an approach to face the challenges of the next century and to avert future crises" [J]. Desalination. 1999, 12: 144 –153.

[53] Cheng Guodong. Evolution of the Concept of Carrying Capacity and the Analysis Frame Work of Water Resources Carrying Capacity in North – West of China [J]. Journal of Glaciology and Geocryology. 2002, 24 (4): 361 –367.

[54] WCED (World Commission on Environment and Development) [M]. Our

Common Future. Oxford University Press. 1987.

[55] 雷玉桃. 水资源管理的外部性及其校正策略研究 [J]. 经济问题, 2005 (11)：15 - 17.

[56] 李群，彭少明，黄强. 水资源的外部性与黄河流域水资源管理 [J]. 干旱区资源与环境，2008，1，22 (1)：92 - 96.

[57] 张春玲，阮本清，杨小柳. 水资源恢复的补偿理论与机制 [M]. 郑州：黄河水利出版社，2006.

[58] 周玉玺，胡继连，周霞. 流域水资源产权的基本特性与我国水权制度建设研究 [J]. 中国水利，2005 (6) A 刊：16 - 18.

[59] 李周，包晓斌，杨东生. 国外水资源管理概况 [J]. 团结，2006 (3)：44 - 46.

[60] 康洁. 美日水资源管理体制比较 [J]. 海河水利，2004 (6)：19 - 24.

[61] 柳长顺，陈献，乔建华. 流域水资源管理研究进展 [J]. 水利发展研究，2004，(11)：19 - 22.

[62] 邓聿文. 能源思考 [R]. 中国科学技术信息研究所加工整理，2007，6.

[63] 刘七军，党彦军，刘军翠. 流域水资源管理问题研究湖北省人民政府政研网，http：//www. hbzyw. gov. cn/xwxx. asp? id = 7184. 2008 - 12 - 19.

[64] 陈劲松. 塔里木河流域生态环境遥感监测研究 [D]. 中国科学院上海冶金研究所博士学位论文，2005.

[65] 吴刚，蔡庆华. 流域生态学研究内容的整体表述 [J]. 生态学报，1989，18 (6)：575 - 581.

[66] 俞树毅，柴晓宇. 干旱半干旱流域生态环境变化与人类活动间的相互影响分析 [J]. 河海大学学报（哲学社会科学版），2009，11 (2)：30 - 33.

[67] 叶茂，王晓峰. 建国以来塔里木河流域生态环境研究进展与展望 [J]. 新疆师范大学学报（自然科学版），2002，21 (2)：73 - 76.

[68] 刘少玉等. 黑河流域水资源系统演变和人类活动影响 [J]. 吉林大学学报（地球科学版），2008，38 (5)：806 - 812.

[69] 王杰等. 基于遥感分析的近 20 年来人类活动对石羊河流域地表径流的

影响研究 [J]. 冰川冻土, 2008, 30 (1): 87 - 92.

[70] 阎水玉, 王祥荣. 流域生态学与太湖流域防洪、治污及可持续发展湖泊科学 [J]. 2001, 13 (1): 1 - 8.

[71] 封玲. 玛纳斯河流域农业开发与生态环境变迁研究 [D]. 南京农业大学博士学位论文, 2005.

[72] 陈劲松. 塔里木河流域生态环境遥感监测研究 [D]. 中国科学院上海冶金研究所博士学位论文, 2005.

[73] 宋郁东, 樊自立, 雷志栋, 张发旺. 中国塔里木河水资源与生态问题研究 [M]. 新疆: 新疆人民出版社, 2000. 12 - 14, 14 - 16.

[74] 刘昌明, 陈效国. 黄河流域水资源演化规律与可再生性维持机理研究和进展 [M]. 北京: 科学出版社, 2004.

[75] 王顺德等. 气候变化和人类活动在塔里木河流域水文要素中的反映 [J]. 干旱区研究, 2006, 23 (2): 195 - 202.

[76] 何逢标. 塔里木和水权配置 [D]. 河海大学博士学位论文, 2007.

[77] 杨青, 何清. 塔里木河流域的气候变化、径流量及人类活动间的相互影响 [J]. 应用气象学报, 2003, 14 (3): 309 - 321.

[78] 谢丽. 绿洲农业开发与塔里木河流域生态环境的历史嬗变 [D]. 复旦大学博士学位论文, 2001.

[79] 沈永平等. 人类活动对阿克苏河绿洲气候及水文环境的影响 [J]. 干旱区地理, 2008, 31 (4): 524 - 533.

[80] 张建岗. 塔里木河的主要源流阿克苏河径流及耗水特性分析 [J]. 冰川冻土, 2008, 30 (4).

[81] 李新, 周宏飞. 人类活动干预后的塔里木河水资源持续利用问题 [J]. 地理研究, 1998, 17 (2): 171 - 177.

[82] 李香云, 杨君, 杨力行, 王立新. 干旱区农业土地生产力增进中人类活动要素定量研究——塔里木河流域 1980~2000 年县域为例 [J]. 干旱地区农业研究, 2004, 22 (3): 168 - 174.

[83] 吕忠梅. 绿色民法典: 环境问题的应对之路 [J]. 法商研究, 2003 (6): 6.

［84］王金南．环境经济学：理论·方法·政策［M］．北京：清华大学出版社，1994.

［85］吕忠梅．环境法新视野［M］．北京：中国政法大学出版社，2000：39.

［86］吴季松．分配初始水权，建立水权制度［N］．中国水利报，2003 - 3 - 11.

［87］刘望天．我国水权概念的探讨［J］．广东水利水电，2006，4（2）：68 - 70.

［88］刘洪先．国外水权管理特点辨析［J］．水利发展研究，2002，6（2）：1 - 3.

［89］高而坤．我国的水资源管理与水权制度建设［J］．中国水利，2006（21）：1 - 2.

［90］赵春光．流域生态补偿制度的理论基础［J］．法学论坛，2008（23）4：90 - 96.

［91］姜学民．生态经济学［M］．北京：中国林业出版社，1993.

［92］张淑焕．中国农业生态经济与可持续发展［M］．北京：社会科学文献出版社，2000.

［93］江涛．长江流域生态经济系统的可持续发展研究［D］．武汉理工大学博士学位论文，2004.

［94］尤飞，王传胜．生态经济学基础理论、研究方法和学科发展趋势探讨［J］．中国软科学，2003，3：131 - 138.

［95］刘国涛．环境与资源保护法学［M］．北京：中国法制出版社，2004.

［96］新疆阿瓦提县人民政府．阿瓦提简介［N］．阿瓦提政府网，http：//www. xjawt. gov. cn/list. asp？lm = 33.

［97］胡文康．消失在沙漠里的塔里木河［J］．新疆人文地理，2010，14（5）：24 - 31.

［98］沈苇，塔里木最长的内陆河流过最大的沙漠［J］．中国国家地理，2008，578（12）：94 - 103.

［99］王进等．2008 年塔里木河流域"四源一干"径流运行与河道断流成因

分析［J］.冰川冻土，2010，32（6）：597.

［100］温家宝.中央新疆工作座谈会上的讲话［R］.2010.

［101］韩影.塔河，塔河！不再是"无缰之马"［J］.人与生物圈，2009.4

［102］郑浩，王福勇.对加强塔里木河流域农田水利基本建设、发展节水灌溉若干问题的探讨［J］.水利发展研究，2005（3）：27－30.

［103］李平，赵鸿斌，田原.塔里木河流域土地盐渍化改良与竖井排灌工程［J］.地质灾害与环境保护，2002，13（2）：48－51.

［104］胡春宏，王延贵，郭庆超等.塔里木河道演变与整治［M］.北京：科学出版社，2005：45－57.

［105］亚当·斯密：国民财富的性质和原因的研究（下）［M］.北京：商务印书馆，1974，27－14.

［106］李彦龙."生态经济人"——生态文明的建设主体［J］.经济研究导刊，2010，89（15）：143－145.

［107］师巧梅.新疆塔河综治：亟待建立三大机制［N］.新疆日报网，http：//www.xjdaily.com.cn/news/cjkj/296224.shtml.2008－12－24.

［108］武振花.推广节水技术坚持以水定地——兵团农业用水综合利用率居西北前列［D］.兵团日报，2010－02－16.

［109］李鹏.民族地区经济发展方式转变问题研究——以新疆维吾尔自治区为例［J］.经济研究参考，2011，（21）：71－76.